RECHERCHES

POUR SERVIR A L'HISTOIRE

DES

BRACHIOPODES.

DEUXIÈME MONOGRAPHIE.

Études anatomiques sur la **Lingule anatine**

(*L. anatina* Lam.)

Par M. Pierre Gratiolet.

A M. Th. Davidson, *Esq. F.R.S.-F.G.S.*

Hommage d'admiration pour ses grands et utiles travaux sur les Brachiopodes.

Les sujets absolument nouveaux seront toujours, pour les anatomistes, une bonne fortune; une grande indulgence leur est dans ce cas assurée; n'ayant point de devanciers, leurs moindres observations ont rang de découvertes; quant à leurs erreurs, elles sont, pour ainsi dire, excusées d'avance; mais leurs successeurs compteraient à tort sur de pareils priviléges; toute la sévérité du public s'est réservée pour eux, et c'est justice; il n'est, en effet, permis de reprendre un travail déjà fait, qu'à la condition de le mieux faire, de rectifier les erreurs anciennes, d'ap-

1

porter des vérités nouvelles, enfin, de donner aux descriptions une forme plus précise; une pareille tâche n'est
jamais facile, et quand on succède à des observateurs tels
que Cuvier, Vogt, Owen et Woodward, elle a quelque
chose d'effrayant. On n'abordera jamais sans crainte un
sujet difficile et déjà traité par de tels maîtres (1).

Ces réflexions me sont naturellement venues à l'esprit
au moment où je commençais à rédiger ce Mémoire sur
l'anatomie des *Lingules*. Mais le dirai-je? elles ne m'ont
point découragé. Je n'avais eu d'abord qu'un but, celui
de voir par moi-même les faits sur des exemplaires que
je tenais de la générosité de feu M. SOULEYET, mon célèbre ami; j'observais avec attention, je dessinais, je dé-
crivais; chemin faisant, j'ai glané quelques faits qui
m'ont semblé nouveaux; j'ai cru pouvoir donner une précision plus grande à quelques détails qu'on avait négligés
pour des choses plus essentielles, sans doute, mais ces
détails ont à leur tour quelque importance; enfin de
faits très-bien vus avant moi, j'ai pu donner une description nouvelle, que je n'ai pas la prétention de croire
meilleure, mais différente, et qui, par cela même, aura
peut-être quelque utilité; car les intelligences humaines
sont ainsi faites qu'un même objet a, pour différents es-
prits, des aspects divers qui sont le complément les uns
des autres. Les anatomistes qui prendront la peine de lire

(1) L'ensemble de ce mémoire était déjà rédigé, lorsque j'ai eu connaissance
du magnifique travail que vient de publier M. Hancock sur l'anatomie des
Brachiopodes; mes opinions sur l'anatomie des Lingules et sur la signification de leurs organes étaient déjà arrêtées; j'ai dû cependant profiter
des observations de ce savant auteur pour critiquer scrupuleusement les
miennes; mais, le dirai-je? mes opinions premières n'en ont point été
modifiées. Je les livre, sans réserve, au jugement des naturalistes; ils
décideront de quel côté est la vérité : quoi qu'il arrive a cet égard, il est
certain que la science y gagnera.

ce travail, me rendront, je l'espère, cette justice que j'ai cherché de toutes mes forces à être exact, et me pardonneront si, à mon tour, je laisse, malgré tous mes efforts, quelques questions indécises.

Je garderai, autant que possible, dans mon exposition, l'ordre que j'ai suivi dans ma première monographie sur la *Terebratula australis,* afin de rendre les comparaisons plus faciles. Toutefois, la différence des animaux a entraîné dans les détails du plan général des modifications indispensables et qu'il n'a pas dépendu de moi d'éviter.

§ 1er. — DE LA COQUILLE.

La coquille des Lingules est formée de deux valves minces, d'un brun verdâtre dans la *Lingula anatina* (1), d'apparence cornée et dont l'aspect général justifie assez bien le nom de *Patella unguis* donné par Linnæus à l'une d'elles. M. Vogt (2) les distingue sous la dénomination de *droite* et de *gauche,* mais à tort selon nous. Ici, comme dans les Térébratules, l'une des valves est dorsale ou supérieure, l'autre inférieure ou ventrale. Nous appellerons VALVE SUPÉRIEURE celle qui est du côté de la bouche, c'est la valve *gauche* de M. Vogt; la valve opposée qu'il désigne sous le nom de valve *droite* sera, pour nous, la VALVE INFÉRIEURE ou ventrale.

Ces deux valves ne s'articulent point l'une avec l'autre; on pourrait, avec justice, les comparer à deux boucliers indépendants l'un de l'autre et entre lesquels le corps de l'animal est compris; ce défaut d'articulation a, de-

(1) Cette coloration varie suivant les espèces ; la coquille de la *Lingula Audebardii* et de la *Lingula hians,* par exemple, est d'un vert pâle trèslégèrement teinté de brun vers le centre des valves.

(2) Anatomie der Lingula anatina in *Nouveaux Mémoires de la Société helvétique des Sciences nat.,* T. VII, 1845.

puis Cuvier, induit en erreur d'excellents observateurs,
quant à l'explication générale de leurs mouvements réciproques ; je ferai connaître, dans un instant, des faits qui
nous permettront de rectifier, sur ce point, quelques as-
sertions trop légèrement admises.

ART. 1. — CONFIGURATION DES VALVES.

Elles ont, en général, la même figure ; leur longueur
est double de leur plus grande largeur. L'une de leurs extrémités (celle qui touche au pédicule) est taillée en
ogive; l'autre extrémité est large et présente un bord on-
duleux, transversalement coupé entre deux côtés presque
parallèles ; les angles que ce bord forme ainsi avec les
côtés des valves sont élégamment arrondis et parfaitement symétriques.

Chaque valve présente deux faces : l'une libre et légèrement convexe, l'autre adhérente au corps de l'animal
et concave.

(α) *Face libre.* (Fig. 1 et 2.) — Cette face présente sur

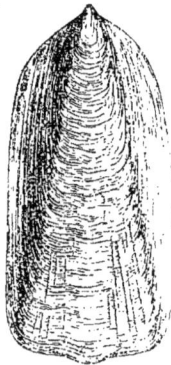 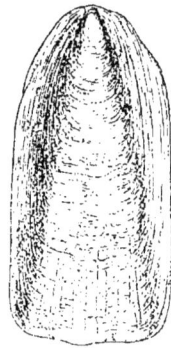

Fig. 1.   Fig. 2.

les deux valves une région triangulaire, saillante, dont la

pointe répond au sommet de l'*ogive* et la base au bord
transversal. Sur les grands côtés du triangle, on observe
deux plans inclinés en forme de toit, que des côtes peu
saillantes séparent de la *région triangulaire*. Cette dernière région présente, à son tour une côte médiane, une
sorte de *culmen*, qui divise chaque valve en deux moitiés
symétriques, de son sommet à son bord antérieur.

Outre ces particularités, on remarque sur cette face
deux ordres de stries; les unes rayonnent du sommet de
la valve vers son bord antérieur; les autres, beaucoup plus
marquées, se développent en courbes fermées qui s'enveloppent successivement, et qui reproduisent fort exactement la forme de la coquille. Ces courbes, très-distinctes
et séparées en avant par des intervalles nettement accusés, se serrent davantage sur les côtés de la valve et se
rassemblent toutes en un seul point derrière le sommet
de l'*ogive*. Il est aisé de voir que ces stries sont les bords
de lames successivement sécrétées et qui ont constitué
peu à peu la valve de l'animal adulte. On concevra dès
lors pourquoi la partie la plus épaisse des valves correspond au sommet de l'ogive, où toutes ces lames sont accumulées, tandis que leur bord, constitué seulement par
les lames les plus récentes, est tranchant, mince et presque membraneux.

A ces différents égards, la même description convient
aux deux valves, et comme leurs bords se correspondent
fort exactement, dans presque tout leur pourtour, il semble, au premier abord, difficile de les distinguer; cette
distinction sera aisée néanmoins, si l'on porte son attention sur le sommet de l'ogive qui est comme émoussé
dans la valve inférieure (*fig.* 2), tandis que dans la valve
supérieure il est aigu et saillant (*fig.* 4).

6. Face adhérente. — L'étude de cette face fournit des caractères distinctifs plus précis encore ; elle présente dans les deux valves deux régions bien distinctes : l'une centrale, que j'appellerai *rhomboïdale* ; l'autre périphérique que j'appellerai *zonaire*, à cause des stries courbes qu'on y remarque.

1° *Valve supérieure.*

On y voit immédiatement au-dessous du sommet de l'ogive, une concavité rugueuse à laquelle se fixe en partie le muscle intérieur du pédoncule ; je désignerai cette concavité sous le nom de *fossette* (*fig. 3, A*). Au devant de la *fossette*, se trouve une *impression quadrilatère* sous forme d'un

EXPLICATION DE LA FIGURE 3.

A. Fossette.
B. Impression quadrilatère.
C. Branche droite du V.
D. Bande médiane terminée par le tubercule médian.
E. Impressions latérales.
F. Impressions antérieures.
G. Espace cordiforme entouré par les zones périphériques.

Fig. 3.

tubercule brun, peu saillant, presque carré ; elle occupe le sommet de l'angle postérieur de la *région rhomboïdale* ; les côtés de cet angle sont bornés par deux impressions à peu près rectilignes, dont l'ensemble rappelle fort exactement la figure d'un V ; les *branches* du V sont légèrement saillantes et se terminent chacune par une surface polie, elliptique, finement striée que j'appellerai *impression latérale.* Il y a donc deux *impressions latérales* qui occupent le sommet des angles latéraux de la région rhomboïdale. Les limites de l'angle antérieur du rhombe sont assez mal définies et circonscrivent un *espace cordiforme* que parcourent des zones disposées en forme de chevrons ; on y remarque de fines ponctuations.

L'aire du rhombe présente encore certaines particularités sur lesquelles il peut être utile d'insister. On y peut distinguer :

1° A partir de l'*impression quadrilatère*, une dépression que divise, en deux moitiés symétriques, une bande flanquée de deux sillons parallèles nettement accusés ; cette *bande* est peu saillante et se termine brusquement par un *tubercule médian* qui occupe à peu près le centre de l'espace cordiforme.

2° Sur les côtés du *tubercule médian*, dans l'aire même de l'espace cordiforme, deux impressions de forme elliptique dont l'axe s'incline en arrière vers les impressions latérales. Elles correspondent aux muscles que nous décrirons dans un instant sous le nom de préadducteurs. Ces impressions, que nous désignerons sous le nom d'*antérieures*, sont limitées en arrière par une ligne saillante, rugueuse, qui relie de chaque côté le *tubercule médian* aux *impressions latérales*. Tout l'espace compris en arrière de ces *lignes rugueuses*, dans l'angle postérieur du rhombe, est lisse, testacé et correspond à la région viscérale du corps de l'animal ; quant à cette portion de la valve qui circonscrit le rhombe, elle est parcourue par des stries concentriques, alternativement mates et brillantes, qui présentent en avant des ondulations très-marquées, mais peu régulières ; on y remarque, en outre, des stries rayonnantes ; telles sont, en résumé, les particularités que présente la face viscérale de la valve supérieure.

2° Valve inférieure. (Fig. 4.)

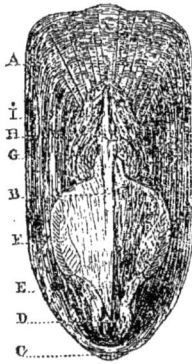

Fig. 4.

EXPLICATION DE LA FIGURE 4.

Face interne de la valve inférieure.

A. Zones périphériques.
B. Région postérieure du rhombe divisée par une arête médiane.
C. Extrémité tronquée de la valve.
D. Impression quadrilatère.
E. Branche gauche du V.
F. Impressions latérales.
G. Impressions antérieures.
H. Angle antérieur du rhombe.
I. Stylet.

La valve inférieure ne présente aucun vestige de *fossette*; son extrémité postérieure offre un bord arrondi, en arrière duquel on remarque une sorte de tranche vive au-dessus du sommet de la valve; en outre, les branches du V y sont plus courtes et plus larges qu'à la valve supérieure, et se terminent, en revanche, par des *impressions latérales* plus longues, qui présentent des traces assez apparentes d'une division longitudinale.

Au devant des impressions latérales l'aire de la région postérieure du rhombe est séparée de l'aire de la région antérieure par un étranglement marqué; cette région antérieure est également cordiforme, très-semblable, par ses zones et ses ponctuations à celle de la valve supérieure; mais elle est plus développée et surtout beaucoup plus allongée.

L'aire du rhombe n'est concave que dans sa partie postérieure; elle présente en ce point une dépression profonde au fond de laquelle *l'impression quadrilatère* est remplacée par deux tractus bruns symétriques ; à partir de cette dépression, une crête médiane la divise dans toute sa longueur ; cette crête atteint son maximum de saillie dans l'aire de la région antérieure où sa pointe semble formée par une partie distincte à laquelle nous donnerons le nom de *stylet* ; elle est liée, à partir de la base du stylet, aux impressions latérales, par deux lignes rugueuses, au devant desquelles on remarque deux impressions elliptiques, correspondantes aux impressions antérieures de l'autre valve ; plus en avant encore, sur les côtés du stylet, existent des rugosités qui donnent attache aux muscles qui constituent ce que nous désignerons dans un instant sous le nom de *renflement pédiforme*. Je n'ajouterai rien sur la région zonaire de la valve, ce serait répéter inutilement ce que nous avons déjà dit au sujet de la valve supérieure.

Nous résumerons en quelques mots les signes distinctifs que cette description peut nous fournir : absence de fossette, étranglement du rhombe au devant de ses impressions latérales, et surtout présence d'une crête prolongée jusqu'au sommet de son angle antérieur. Tels sont les caractères qui permettent de distinguer aisément la valve inférieure.

3° Du rapport des valves entre elles. Fig. 5.

Pour compléter cette description de la superficie des valves, rapprochons-les maintenant l'une de l'autre, et examinons jusqu'à quel point elles se correspondent.

Cette correspondance paraît, au premier abord, fort exacte, mais, en y regardant de plus près, on voit qu'elle n'est point simultanée, mais successive, leurs contours ne se développant point dans une surface plane, mais courbe. Ainsi, se touchent-elles vers leur milieu, la coquille bâille à ses deux extrémités; se touchent-elles par un bout, les bouts opposés se séparent. Si donc il y a des muscles antérieurs allant d'une valve à l'autre, ils fermeront la coquille en avant; s'il y a des muscles analogues entre les sommets des valves, ils fermeront la coquille en arrière, mais, en revanche, ils l'ouvriront en avant. Ces mouvements seraient d'ailleurs assez bornés; mais nous verrons qu'ils peuvent acquérir, sous l'influence de certains muscles, une plus grande étendue.

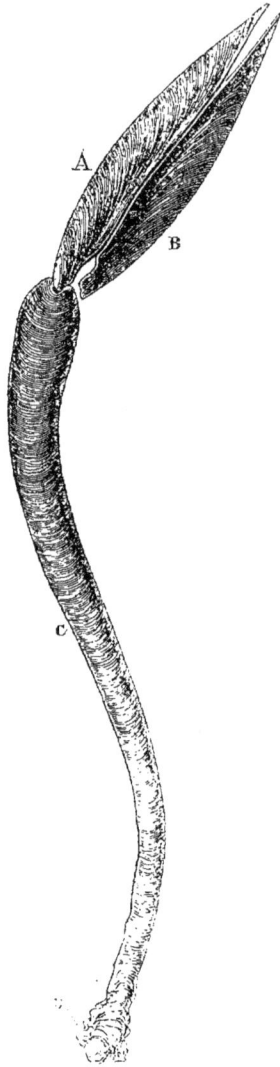

EXPLICATION DE LA FIGURE 5.

Ensemble des valves et du pédoncule vus de profil.

A. Valve supérieure.
B. Valve inférieure.
C. Corps du pédoncule.
D. Pavillon évasé du pédoncule par où sort une vésicule intérieure.

Fig. 5.

Art. 2. — Structure des Valves.

Fig. 6 et 7.

La structure des valves des Lingules paraît, au premier abord, s'éloigner beaucoup du type que présentent les Térébratules ; mais une observation plus attentive dévoile des analogies qu'on n'aurait pas au premier abord soupçonnées (1). Il y a dans la coquille des Lingules deux éléments distincts ; savoir : un élément *corné* et un élément testacé. On les trouve disposés en couches ou lames minces qui se succèdent alternativement de la face convexe à la face concave des valves, à partir d'une couche superficielle qui est cornée.

Ces lames n'ont pas partout une épaisseur égale ; du côté de la face convexe, l'épaisseur des lames cornées l'emporte (*fig.* 6) ; du côté de la face viscérale, les lames testacées prédominent ; elles sont surtout épaisses au niveau de l'angle postérieur du *rhombe* ; ces lames testacées épaisses, sont séparées par des lames cornées, minces et en certains points atrophiées. Cette disposition donne une assez grande opacité aux parties centrales

---

(1) Les premiers détails sur la structure de la coquille dans les Lingules et les Orbicules ont été donnés en 1844 par M. Carpenter ; je traduis ici le passage de son remarquable travail, qui est relatif à ce sujet. « La struc- «ture des coquilles des Lingules et des Orbicules est également spéciale, » dit M. Carpenter, « mais elle diffère entièrement de celle qui vient d'être « décrite (celle des coquilles des Brachiopodes analogues aux Térébra- « tules) Ces coquilles sont presque entièrement formées de lames d'une « matière cornée qui sont perforées par de petits tubes dont la grandeur « et la disposition rappellent les tubes de l'ivoire. Ils traversent oblique- « ment les valves ; vers le bord de la coquille leur direction est pres- « que parallèle à la surface des couches. » (Carpenter, *On the microsc. struct. of schells*, in Report of the British association, 1844, art. 47, p. 18.)

des valves, tandis que leurs parties périphériques, où l'élément corné domine, ont une demi-transparence.

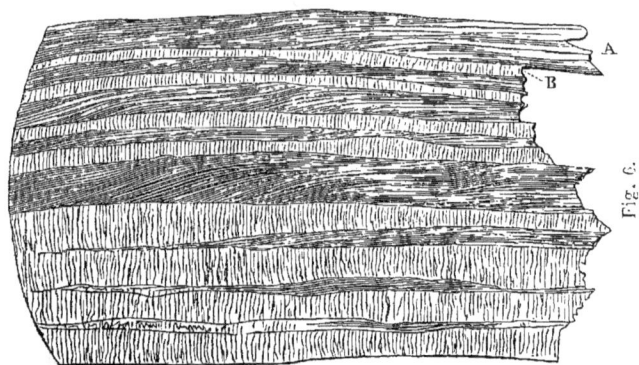

EXPLICATION DE LA FIGURE 6.

Coupe pratiquée selon l'épaisseur de la coquille vers la partie centrale, de manière à rendre apparente l'alternance des couches cornées et calcaires.

A. Couche cornée superficielle. — B. Couche calcaire, etc.

La structure des lames cornées est fort simple; elles sont transparentes, jaunâtres et passent au vert dans quelques espèces. Elles m'ont paru entièrement formées de fibres parallèles sans aucune trace de canalicules composants, même après l'action de la potasse caustique.

La structure des lames testacées rappelle celle de la coquille des Térébratulidées; elles sont traversées par une multitude de canalicules microscopiques et sont, en outre, parcourues par des stries d'une extrême délicatesse (1), qui rappellent les chaînes formées par les éléments coniques du têt dans les Térébratules. Les faits

(1) Leur diamètre moyen égale 0mm,0005

sont à peu près les mêmes dans les Orbicules; mais ici l'élément calcaire l'emporte énormément sur l'élément corné (1).

EXPLICATION DE LA FIGURE 7.

Cette figure montre, à un grossissement de 500 diamètres, les canalicules, les ouvertures des canalicules et les stries qui parcourent les lames calcaires.

Fig. 7.

La face interne des valves est immédiatement revêtue par une membrane très-sèche et très-mince qu'on ne peut détacher sans arracher en même temps des lambeaux de lames testacées très-minces et qui conviennent surtout pour les études microscopiques; cette membrane porte des corps d'une ténuité prodigieuse, en forme d'ellipsoïdes allongés dont les rapports avec les parties de la coquille sont très-difficiles à déterminer. Je soupçonne, toutefois, qu'ils représentent les éléments papillaires qui s'engagent dans les perforations du têt chez les Térébratules. Si cette hypothèse se confirme, l'analogie de la composition du têt dans tous les Brachiopodes en recevra une confirmation nouvelle.

Ces petits corps ont environ 0^{mm},006 de longueur ; leur

(1) Je ne puis partager à cet égard l'opinion de M. Carpenter, qui affirme que le têt des Orbicules est entièrement composé de substance cornée.

largeur moyenne, 0mm,001. Cette largeur convient à celle des canalicules des lames calcaires que j'ai trouvée égale à 0mm,0014.

ART. 3. — DE LA COMPOSITION CHIMIQUE DES VALVES.

Mon savant ami, M. S. Cloëz, a bien voulu, à ma prière, analyser le têt des Lingules. Son analyse a été publiée dans les comptes rendus de la Société philomathique de Paris. Je suis heureux de pouvoir donner ici les résultats curieux qu'il a obtenus.

D'après les recherches faites par cet habile chimiste, les valves de la Lingule séchées à 100 degrés, contiennent pour 100 parties :

Matière organique azoto-phosphorée. . .	45.20
Acide carbonique.	2.94
— phosphorique.	22.75
— silicique.	traces
Chaux.	26.54
Magnésie.	1.75
Sesqui-oxyde de fer.	0.85

ou, en d'autres termes :

Matière organique.	45.20
Carbonate de chaux.	6.68
Phosphate de chaux.	42.29
— de magnésie.	3.85
— de sesqui-oxyde de fer. . .	1.98
Silice.	traces.

M. Cloëz fait remarquer que cette composition se rapproche à la fois de celle que M. Chevreul a signalée dans les écailles des Lépidostées et de celle du têt des insectes

donnée, il y a quelques années, par Hatchett. Cette
grande proportion de phosphate de chaux dans le têt des
Lingules vivantes mérite à coup sûr de fixer l'attention
des zoologistes et des géologues, et donne un plus grand
intérêt aux résultats fournis par l'analyse microscopique (1).

§ 2. — DU PÉDONCULE ET DE SA STRUCTURE.

Le sommet ogival de la valve supérieure est attaché par
la *fossette* qu'il présente inférieurement à un long pédicule en forme de massue allongée ; la partie renflée de la
massue est arrondie à son extrémité et ne tient, soit à la
coquille, soit à l'animal que par sa partie centrale ; la
partie opposée, ou *manche*, est d'abord assez atténuée,
puis elle se renfle et se termine en une sorte de pavillon
irrégulier, qui adhère aux corps extérieurs ou s'enfonce
dans le sable. Ce singulier organe qui a fait comparer,
mais à tort, les Lingules aux Anatifes, a été pour la première fois décrit, avec de précieux détails, par M. Vogt ;
cet habile anatomiste y a distingué deux parties essentielles, savoir : 1° une enveloppe cornée (*Hornscheide*) ;
2° une masse musculaire centrale.

I. *Enveloppe cornée.* — Elle est fort épaisse, résistante
et constitue un tube ouvert à ses deux bouts. L'ouverture
du bout inférieur est béante ; celle de l'autre bout, per-
cée au centre de la partie renflée, est fort étroite et donne
passage à de petits faisceaux musculaires que nous exa-
minerons dans un instant. Des coupes transversales de
cette enveloppe montrent qu'elle est composée de cou-

(1) La composition du têt des Orbicules est pareille. Il n'en est pas de
même de celui des Wadeinnia qui contient presque exclusivement du
carbonate de chaux. Cf. S. Cloez. in *l'Institut*, 1859, page 240.

ches concentriques, parmi lesquelles nous distinguerons :
(*a*) une couche superficielle; (*b*) des couches moyennes;
(*c*) des couches profondes.

(*a*) La couche superficielle (*couche épidermique; enveloppe striée extérieure*), est mince, molle, facile à détacher. Elle ne paraît pas douée d'élasticité : aussi forme-
t-elle, dans toute la longueur du pédoncule, des plis
annulaires très-fins et en général assez réguliers, que
d'autres plis croisent en sens divers à la partie inférieure
du pédoncule; examinée au microscope, elle présente, en
outre, des filaments opaques semblables à de petits tubes
remplis de granules, dont le diamètre n'excède pas
0^{mm},0035 ; ils décrivent, autour du pédoncule, des cer-
cles à peu près équidistants que séparent les uns des
autres des bandes diaphanes, larges d'environ 0^{mm},015.
M. Vogt ne paraît pas avoir connu cette enveloppe
qui a, d'ailleurs, quelque ressemblance avec une autre
couche qu'il a décrite et qui enveloppe le muscle intérieur.

(*b*) *Couches moyennes.* A demi-transparentes ; composées de fibres annulaires, plates, sèches, cassantes, douées
toutefois d'un certain degré d'élasticité. Le diamètre de
ces fibres égale environ 0^{mm},001.

(*c*) *Couches profondes.* Formées des mêmes éléments
circulaires que les couches précédentes avec lesquelles
elles se continuent, elles ne s'en distinguent que par la
présence de fibres longitudinales, très-fines, qui les parcourent.

II. *Masse musculaire centrale.* (*Muscle intérieur du pédoncule.*) Cette masse résulte de l'assemblage de faisceaux
longitudinaux qui échangent mutuellement entre eux des

fibres nombreuses. Les extrémités de leurs fibres composantes s'attachent, d'espace en espace, à l'intérieur d'un tube résistant qui forme à la masse musculaire centrale une enveloppe particulière. M. Vogt a très-bien décrit cette enveloppe; elle est constituée par une membrane striée mince, mais très-solide; je lui donne, dès à présent, le nom de *membrane striée intérieure*. M. Vogt la met au nombre des couches qui constituent l'enveloppe cornée; je crois devoir, au contraire, l'en distinguer; en effet, bien qu'intimement appliquée à la face interne de cette enveloppe, on peut aisément l'en séparer sans aucune déchirure, tandis que son adhérence au muscle intérieur est extrême; enfin, je démontrerai dans un instant qu'elle est naturellement séparée de l'enveloppe cornée à la partie inférieure du pédoncule, et qu'à sa partie supérieure elle la dépasse pour se continuer directement avec la peau du corps de l'animal.

La structure de la *membrane striée intérieure* est facile à expliquer; M. Vogt en a fort bien indiqué les principaux caractères. Elle est transparente et divisée, d'espace en espace, par des stries annulaires à peu près équidistantes, en zones diaphanes dont la largeur moyenne égale $0^{mm},020$ environ; quant aux stries elles-mêmes, leur diamètre, assez difficile à déterminer, ne dépasse jamais $0^{mm},001$. Elles ne sont point, d'ailleurs, aussi nettement accusées que l'indique la figure de M. Vogt; leur parallélisme n'est point non plus aussi exact qu'il l'avait cru; on les voit, en effet, en beaucoup de lieux, s'incliner les unes vers les autres; on les dirait, au premier abord, formées par des séries de granules; mais si on les examine plus attentivement, elles paraissent indiquer l'existence de petits vaisseaux annulaires.

2

Quant aux éléments propres de la *membrane*, ce sont de petites fibres si pâles qu'on ne peut les distinguer qu'à peine. Elles présentent, comme les zones elles-mêmes, une disposition annulaire. J'ai essayé de déterminer leur diamètre, il m'a paru tout au plus égal à $0^{mm},0005$.

La membrane striée intérieure s'étend dans toute la longueur du pédoncule ; son extrémité supérieure se continue par un collet très-mince avec la peau du corps de l'animal ; à sa partie inférieure, vers le point où le pédoncule s'atténue et où les dernières fibres du muscle intérieur se terminent, elle devient peu à peu de plus en plus épaisse, s'isole des parties environnantes et se termine au centre du pavillon de l'enveloppe cornée en formant une *vésicule* pyriforme entièrement close. Les parois de cette vésicule sont parcourues par des fibres plates très-régulières, qui descendent de son collet vers son fond, en décrivant des anses très-élégantes ; elles sont, en outre, revêtues à l'extérieur

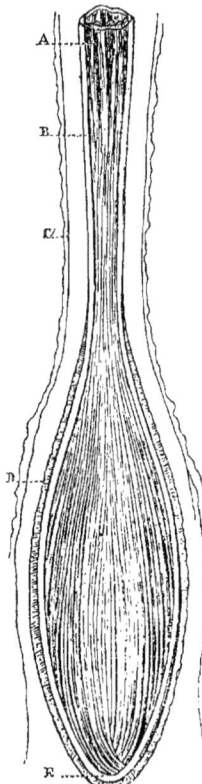

EXPLICATION DE LA FIGURE 8.

Bourse terminale du Pédoncule.

A. Membrane striée interne.
B. Muscle intérieur.
C. Enveloppe cornée.
D. Enveloppe épithéliale de la bourse.
E. Fond de la bourse.

Fig. 8.

par une mince couche épithéliale. Nous verrons, dans un instant, que cette vésicule joue le rôle d'une *poche incubatrice*. Fig. 8.

C'est, avons-nous dit, aux parois de la *membrane striée intérieure* que s'attachent les faisceaux du muscle pédonculaire ; ils forment à la paroi interne de l'enveloppe, des arêtes saillantes, unies les unes aux autres en mailles très-allongées. M. Vogt a fort bien décrit cette disposition. Il fait remarquer, avec justesse, que le développement de ces arêtes musculaires n'oblitère, en aucune façon, la cavité intérieure de la membrane striée, dont l'axe est ainsi parcouru par un canal libre dans toute sa longueur.

La plupart des fibres qui composent les faisceaux musculaires des arêtes, naissent et se terminent, d'espace en espace, dans l'intérieur du pédoncule en formant des anses enchevêtrées et, pour la plupart, ne dépassant point l'extrémité renflée du pédoncule ; seul, un très-petit faisceau de ces fibres enveloppé par un prolongement très-mince de la *membrane striée interne*, se dégage par l'ouverture étroite que présente à son centre le renflement supérieur de l'enveloppe cornée, et va s'attacher, en partie, à la *fossette* du crochet de la valve supérieure, et en partie sur les côtés du corps de l'animal. Cette attache me semble n'avoir point été suffisamment décrite ; aussi, au risque d'entrer dans des détails fastidieux, vais-je en dire ici quelques mots.

Cuvier n'est entré sur ce point dans aucun détail exact. « Les deux valves, » dit-il, « n'engrènent l'une avec l'au-« tre par aucune dent ; elles ne sont pas non plus atta-« chées par un ligament dorsal élastique, capable de les « ouvrir, comme celles des bivalves ordinaires, mais elles

« sont suspendues, *l'une et l'autre*, à un pédicule com-
« mun (1) ».

M. Vogt, dont l'exactitude est, en général, si grande, et
qui a si habilement décrit le pédoncule, semble partager,
à cet égard, l'opinion de Cuvier, si je puis en juger du
moins, par le passage suivant « *Sie befestigen sich endlich
an den inneren, einander zugewandten seiten des
Schlosses* (2) ». Il attribue, en outre, au muscle intérieur
une certaine action sur les valves *qu'il pourrait écarter
l'une de l'autre.*

Les faits ne permettent point d'adopter ces opinions.

L'enveloppe cornée semble, au premier abord, avoir
des rapports immédiats avec les deux valves à la fois ;
toutefois ce n'est là qu'une apparence ; son extrémité renflée présente, il est vrai, deux enfoncements très-mar-
qués où s'impriment les sommets des valves, mais sans
aucune trace d'adhérence. Un petit faisceau, émané du
muscle central, établit seul le rapport du pédoncule, soit
avec le corps de l'animal, soit avec la coquille. Il sort,
ainsi que je l'ai déjà dit, par l'ouverture supérieure de
l'enveloppe cornée, s'engage immédiatement entre le bord
supérieur du manteau de l'animal et le sommet de la
valve supérieure, et se divise en quatre faisceaux très-
grêles. Deux de ces faisceaux se fixent à la fossette de la
valve supérieure *exclusivement ;* les deux autres, plus petits encore, se prolongent et se perdent dans la couche
des peaussiers du corps de l'animal ; tel est l'unique rapport du muscle du pédoncule avec le corps et la coquille.
Il n'envoie rien à la valve inférieure qui demeure absolu-

---

(1) Cuvier, *Mémoire sur la Lingule*, p. 3.

(2) Vogt, *Anatomie der Lingula anatina*, p. 3

ment libre et s'applique seulement à l'enveloppe cornée du pédoncule où elle détermine une impression distincte.

Malgré la singulière gracilité de cette extrémité du muscle intérieur du pédoncule, la cavité centrale qu'il enveloppe s'y prolonge cependant en un canal étroit où un stylet très-fin peut s'engager. Les injections, modérément poussées, le traversent aisément. On démontre ainsi sa communication avec la cavité générale du corps. Nous reviendrons dans un instant sur cette communication et sur son importance physiologique ; mais nous pouvons en déduire immédiatement une conséquence ; c'est que, le muscle intérieur du pédoncule se prolongeant dans la couche des peaussiers et la membrane striée qui l'enveloppe étant elle-même en continuité avec la peau, on peut naturellement admettre que le pédoncule n'est qu'une émanation directe du manteau de l'animal protégée par une enveloppe accessoire.

Structure intime du muscle intérieur du pédoncule.

Maintenant, quelle est la structure intime du muscle intérieur ? J'ai déjà dit que ses faisceaux s'envoyaient réciproquement des fibres qui les unissent en une sorte de réseau ; en outre, certaines fibres transversales passent de l'un à l'autre en manière de *brides*. Leur surface intérieure est striée par des ondulations très-fines, comme si quelque membrane d'une extrême délicatesse leur formait un revêtement.

Les fibres composantes sont très-élastiques ; elles ne s'anastomosent point les unes avec les autres, et se présentent sous la forme de filaments jaunâtres, plats et très-déliés, dont le diamètre est compris entre $0^{mm},004$ et $0^{mm},006$.

Chacun des filaments prend son origine dans un petit cône à contours pâles, finement strié dans le sens de son axe. Le diamètre de ces parties coniques est compris entre $0^{mm},010$ et $0^{mm},020$; leur longueur égale environ $0^{mm},120$.

Ces parties coniques pourraient bien être les véritables éléments musculaires que les fibres plates élastiques termineraient à la manière de véritables tendons. Outre ces éléments, on distingue çà et là, dans la masse des faisceaux, des filaments intérieurement granuleux et remarquables par les ramifications qu'ils présentent. Leur diamètre maximum égale $0^{mm},004$. Quelle est la nature de ces filaments? Je pense qu'on peut, sans trop d'imprudence, les considérer comme des vaisseaux capillaires et probablement artériels.

§ 3. Description du corps de l'animal.

Esquisse générale. — Le corps de l'animal, vu dans son ensemble, a la forme d'un gâteau elliptique ou rhomboïdal, épais dans la Lingule *anatina* de $10^{mm}00$ environ, et compris entre deux lames membraneuses qui le débordent de toutes parts. Ces lames s'appliquent chacune à l'une des extrémités des valves de la coquille, en tapissent exactement la face concave et en reproduisent les contours. Ce rapport n'est interrompu qu'au niveau de la fossette et de l'attache du muscle pédonculaire. Nous donnerons à ces lames le nom de *valves du manteau.*

Quant au corps proprement dit, il occupe sur chaque valve tout l'espace rhomboïdal, sauf la *région zonaire* de la valve supérieure; du côté de la valve inférieure il s'avance sur le milieu de cette région jusqu'à l'extrémité antérieure du rhombe. Ce prolongement, qu'un sillon bien marqué sépare de la masse du corps, est convexe, élastique et contractile dans l'animal vivant. Nous lui donnerons le nom de *renflement pédiforme*.

La base du renflement pédiforme n'occupe pas en avant toute la hauteur du gâteau, mais seulement la moitié inférieure de cette hauteur. L'espace qui sépare cette base de la lame supérieure du manteau, est occupée par une bande bien définie, haute de quatre ou cinq millimètres, dont les extrémités se prolongent sur les parties latérales du corps. Comme la rapidité des descriptions exige des noms précis, nous la nommerons, pour abréger, *bande suspédieuse*.

Le sillon qui sépare cette *bande* d'avec la base du *renflement pédiforme*, est remarquable ; entre ses deux bords se dégage, peu à peu, un petit bourrelet saillant, qu'on pourrait comparer au limbe d'une langue aplatie qui dépasserait de très-peu le bord de deux lèvres rapprochées. C'est sur le milieu de ce *bourrelet* et sur sa partie la plus saillante que s'attache, par un pédicule fort étroit, la masse de l'appareil singulier que Cuvier a considéré comme un appareil brachial. Les prétendus bras, sur lesquels je reviendrai dans un instant, sont de la sorte suspendus en avant du corps de l'animal et au-dessus du renflement pédiforme, entre les *valves du manteau*. Pour compléter cette indication générale, nous ferons remarquer, sur le côté gauche du corps de l'animal, une saillie que termine un petit cône, au sommet duquel est percé l'anus.

Les choses étant ainsi esquissées, décrivons successivement la peau et les muscles du corps de l'animal, ses bras et les lames du manteau, après quoi nous passerons à une étude aussi approfondie que possible des systèmes intérieurs.

De la peau du corps de l'animal et de ses muscles.

1. *La peau* qui recouvre le circuit du corps de l'animal est mince, mais très-résistante ; l'analyse microscopique permet d'y distinguer trois éléments principaux, savoir : —(*a*) Une *couche superficielle épithéliale*, formée de cellules plates polygonales dont le diamètre moyen égale 0^{mm},017. Ces cellules, très-serrées les unes contre les autres, donnent à la peau un aspect réticulé ; leur intérieur est finement granuleux ; je n'ai pu y voir aucune trace de *nucleus*. — (*b*) Le *derme*. Très-mince et transparent ; il est constitué par des fibres pâles, très-minces, légèrement onduleuses, qui se dirigent, d'arrière en avant, le long des côtés du corps de l'animal ; des granulations semées çà et là sont mêlées à ces fibres. Cette structure rappelle complétement, sauf les divisions annulaires, celle de la *membrane striée interne* du pédoncule et confirme l'analogie que nous avons plus haut fait soupçonner entre cette membrane et la peau. — (*c*) Des *vaisseaux* grêles, pleins de granules ; ils rampent sous la couche épithélialiale et forment à la surface du derme un réseau lâche, à mailles rares et très-allongées. Ces vaisseaux se divisent d'espace en espace et s'anastomosent entre eux çà et là ; leur diamètre est compris entre 0^{mm},005 et 0^{mm},008. Cette peau se continue de part et d'autre avec celle qui tapisse les grands feuillets du manteau et dont nous décrirons dans un instant la structure.

2. *Les muscles* compris sous la peau du corps se divisent en deux catégories : les muscles qui meuvent les valves et les muscles peaussiers.

*. *Muscles qui meuvent les valves*. — La complication de ces muscles est surtout remarquable quand on les compare à ceux des Térébratulidés. L'absence d'articulations définies entre les deux valves explique cette complication. Pour rendre leur description plus claire, nous les classserons en trois ordres, savoir :

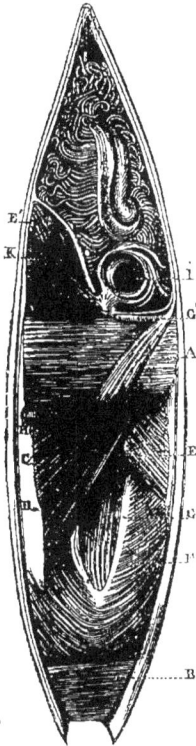

EXPLICATION DE LA FIGURE 9.

Lingule coupée longitudinalement dans son plan médian, pour montrer l'ensemble des muscles directs et des muscles obliques longitudinaux.

A. Pré-adducteur.
B. Post-adducteur.
C. Muscle oblique antéro-postérieur interne.
D. Muscle oblique antéro-postérieur externe
E. Muscle oblique postéro-antérieur se terminant en E' au centre du renflement pédiforme.
F. Peaussier vertical.
G. G' Peaussier longitudinal.
I. Coupe de la partie basilaire du bras.
K. Muscle abaisseur des bras.
H. Muscle transverse.

Fig. 9.

(*a*) *Muscles directs*. — J'appelle ainsi, d'après Cuvier, des muscles qui vont d'une valve à l'autre par le plus court chemin et ne présentent aucune obliquité marquée. Ils sont au nombre de quatre et forment deux paires.

(α) La paire des muscles *post-adducteurs* (1). Situés vers l'extrémité postérieure du corps, ils s'étendent de l'impression quadrilatère de la valve supérieure à l'impression correspondante de la valve opposée ; très-rapprochés l'un de l'autre dans les Lingules, ils semblent, au premier abord, confondus en un seul muscle. Ils ferment la coquille *en arrière*. (Voyez fig. 9. B.)

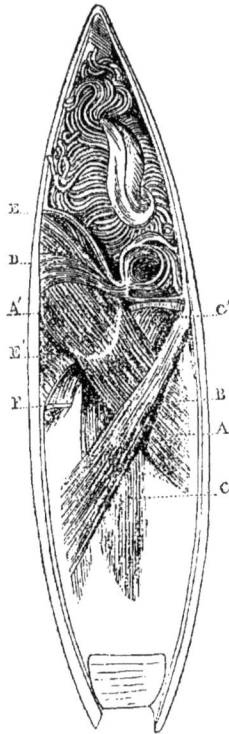

EXPLICATION DE LA FIGURE 10.

Cette figure représente les mêmes faits que la précédente après l'ablation du muscle oblique antéro-postérieur interne et du préadducteur.

A. A'. Muscle oblique postéro-antérieur.

B. Muscle oblique antéro-postérieur interne.

C. C'. Peaussier longitudinal.

D. Muscle abaisseur des bras.

E. E'. Peaussier du renflement pédiforme.

F. Muscle transverse.

Fig. 10.

(1) *Oberer Schliessmuskel*, Vogt. Loc. cit. Tab. 1. fig. 9. *Adductor posterior*, Woodward in Manuel, fig. 165 et 166. La duplicité de ces muscles est évidente chez les Lingules, mais elle l'est bien davantage dans les genres *Discina* et *Obolus*.

6. La paire des muscles pré-adducteurs (*fig.* 9, A. (1) ; très-rapprochés l'un de l'autre, épais et symétriques, ils sont situés immédiatement derrière la base du renflement pédiforme ; ils vont des *impressions antérieures* de la valve supérieure aux impressions correspondantes de la valve opposée. Ces muscles ferment la coquille *en avant.*

Remarques. — Le jeu des deux paires peut être alternatif ou simultané. Dans le premier cas, elles sont antagonistes l'une de l'autre, par suite du mode de contact réciproque des valves ; dans le second, elles agissent dans le même sens et tendent à rapprocher hermétiquement les deux valves.

(*b*) *Muscles obliques longitudinalement.* — Nous supposerons, pour la commodité de la description, que tous ces muscles prennent leur origine à la valve supérieure ; dans cette hypothèse, les uns se dirigent d'avant en arrière, les autres d'arrière en avant. Chacun d'eux est entièrement compris dans un même côté de l'animal.

α. *Muscles obliques antéro-postérieurs* (2). Ces muscles, au nombre de quatre, sont symétriquement disposés en deux paires. Nous distinguerons, 1° la première sous le nom de *paire interne* (3) ; les muscles qui la composent(fig. 9. c.) se fixent par une extrémité atténuée, au tubercule médian de la valve supérieure, s'engagent entre les deux muscles pré-adducteurs, et s'étalent chacun en un pinceau aplati qui se termine

---

(1) *Muscles qui vont directement d'une coquille à l'autre.* (Cuvier.) *Untere schiefe Muskelbündel.*) Vogt. Loc. cit. Tab. 1, fig. 9, 44 et fig. 11.) c. e. — *Anterior adductors.* Woodward. Loc. cit.

(2) Cuvier ni Vogt ne font aucune mention de ces muscles. Ils ont été, pour la première fois, indiqués avec précision par M. Woodward.

(3) Central protractors. Woodw. Op. laud. fig. 166, p.

et s'attache à la partie antérieure de l'une des branches du V de la valve inférieure ; 2° la seconde (fig. 9. D, et fig. 10. B), sous le nom de *paire externe* (1). Nés des parties latérales du tubercule médian de la valve supérieure, les muscles qui composent cette paire se portent, en les contournant en avant, au côté externe des muscles pré-adducteurs, et se terminent par un faisceau divergent et plat, à la partie moyenne des branches du V de la valve inférieure, en dehors et en arrière des muscles précédents.

(ε) *Muscles obliques postéro-antérieurs* (2). (Fig. 10. B, et fig. 9, D.)

Au nombre de deux seulement; ces muscles ne forment qu'une seule paire ; situés de chaque côté en dehors des muscles précédents, ils se portent des impressions latérales de la valve supérieure aux deux côtés de la crête médiane qui divise la région des petites zones de la valve inférieure, et s'y attachent d'une manière intime en s'entre-croisant, d'un côté à l'autre, par un grand nombre de fibres. Les extrémités réunies de ces muscles constituent, en quelque sorte, le noyau central du renflement pédiforme.

N. B. Les muscles obliques postéro-antérieurs croisent les muscles précédents dont ils sont les antagonistes. Ils déterminent, en effet, un mouvement de recul de la valve inférieure sur la supérieure, tandis que les muscles antéro-postérieurs, la font au contraire avancer. Cet an-

---

(1) External protractors. Woodw. Op. laud. fig. 166. p.

(2) Cuvier n'a point parlé de ces muscles. Wogt, fig. 7. c. c. les indique sous le nom de *Mittlere schiefe Muskelbundel*. Enfin, M. Woodward les décrit clairement, loc. laud. fig. 166 et 167 r. r. sous le nom d'*anterior retractors*.

tagonisme a été bien saisi par M. Woodward. Quand tous

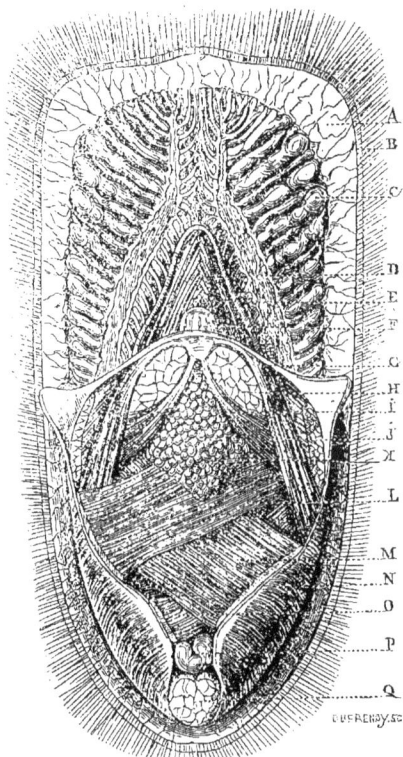

Fig. 11.

EXPLICATION DE LA FIGURE 11.

*Vue du système musculaire de la Lingule, étudié dans son
ensemble par le côté supérieur de l'animal.*

A. Bourrelet marginal du manteau. — B. Cils qui bordent le
manteau. — C. Sinus marsupiaux. — D. Tronc commun des sinus.
— E. Extrémité des muscles obliques postéro-antérieurs, formant
le noyau du renflement pédiforme. — F. Bouche. — G. Muscles
obliques antéro-postérieurs externes. — H. Pré-adducteurs. —
I. Muscles obliques antéro-postérieurs internes. — J. Attache
postérieure des muscles obliques postéro-antérieurs. — K. Foie
(lobe supérieur). — L. Muscle croisé gauche antérieur. — M. Muscle croisé droit. — O. Muscle croisé gauche postérieur. — N.
Peaussier vertical, — P. Anse postérieure de l'intestin. — Q.
Post-adducteurs.

ces muscles agissent simultanément, ils viennent en aide
à l'action des muscles adducteurs.

(c) *Muscles obliques d'un côté à l'autre* (1). (Fig. 11. L. M. O.)

Ces muscles vont en s'entre-croisant, d'un côté de la
valve supérieure au côté opposé de l'inférieure. Il y a
à gauche deux muscles, dont l'antérieur est le plus considérable; ils naissent de la branche gauche du V de la
valve supérieure et se portent en avant à la lèvre interne
de la branche droite du V de l'inférieure. Ce sont deux
faisceaux plats, composés de fibres brillantes et parallèles.
L'antérieur est deux fois plus large que le postérieur.

Les fibres du muscle droit forment un plan continu.
Nées de la branche droite du V de la valve supérieure,
elles se portent en avant, s'engagent entre les deux
muscles du côté gauche et se fixent, en définitive, à la
branche gauche du V de la valve inférieure.

N. B. Ces muscles déterminent des mouvements de
croisement alternatif de la valve inférieure sur la supérieure que nous considérons, par hypothèse, comme un
point fixe.

**. *Muscles peaussiers.* (Fig. 12.)

Ces muscles que M. Woodward seul a connus, mais
que cet habile auteur me paraît avoir incomplétement
décrits, exercent *médiatement* une remarquable influence

---

(1) *Muscles croisés*, Cuvier — *Untere schiefe Muskelbündel*. Vogt.,
fig. 9. i. i. et fig. 7 d. d. d. — *Posterior retractors*. Woodw. fig. 166.

sur le mouvement des valves. Nous les distinguerons en quatre systèmes, savoir : les peaussiers longitudinaux ; les peaussiers verticaux ; le peaussier transverse ; le peaussier du renflement pédiforme.

(a) *Peaussiers longitudinaux.* (Fig. 12. EE fig. 9. G. et fig. 10, C.)

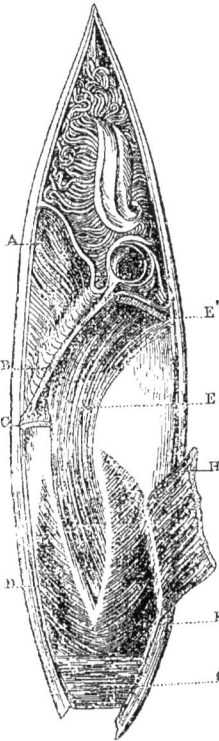

Fig. 12.

Ils doublent immédiatement la peau sur les côtés du corps de l'animal. Toutefois, leur extrémité postérieure, terminée en pointe, n'atteint pas l'extrémité postérieure du corps. Ils se portent au côté externe des muscles obli—

EXPLICATION DE LA FIGURE 12.

Ensemble des peaussiers.

A. Peaussier du renflement pédiforme.
B. Bride à laquelle s'attachent les fibres.
C. Peaussier transverse ou diaphragmatique.
D. F. Peaussiers verticaux.
E. E' Peaussier longitudinal.
G. Post-adducteur.
H. Muscle croisé.

ques *postéro-antérieurs*, s'inclinent l'un vers l'autre au devant des muscles pré-adducteurs, et s'unissent au-dessus du renflement pédiforme en formant, par cette union, une anse musculaire qui bride, pour ainsi dire, la partie antérieure du corps E'.

(*b*) *Peaussiers verticaux.* — (Fig. 12, F. D. Fig. 9, F.) Au nombre de deux, parfaitement symétriques l'un à l'autre. Leurs fibres descendent des branches du V supérieur aux branches correspondantes du V inférieur ; les plus antérieures sont interrompues vers le milieu de leur hauteur, par un espace angulaire où s'attachent les extrémités postérieures des peaussiers longitudinaux.

(*c*) *Peaussier transverse ou diaphragmatique* (fig. 12, C).

Étendu immédiatement au-dessus de la valve inférieure, d'un côté à l'autre de l'animal, derrière la base des pré-adducteurs, il adhère à la face postérieure de la dilatation stomacale. Son action a pour effet de rétrécir en avant le corps de l'animal.

(*d*) *Peaussier du renflement pédiforme.* (Fig. 13, A.) — Il forme, à l'extrémité des muscles obliques postéro-antérieurs, une enveloppe contractile. Les fibres qui le composent sont de deux ordres : les unes sont longitudinales ; elles naissent toutes de la bride qui double le sillon qui sépare le corps proprement dit du renflement pédiforme (fig. 12. B.) ; les autres, que le burin du graveur a malheureusement sacrifiées sur la figure 12, les croisent à angle droit ; elles sont d'ailleurs beaucoup plus rares.

Remarques générales. —Il suffit de jeter un coup d'œil sur l'ensemble des muscles peaussiers, pour voir que leur action a nécessairement pour effet de concentrer et de comprimer les liquides intérieurs de l'animal dans la partie antérieure du corps proprement dit. La bride des peaussiers longitudinaux, en les repoussant avec énergie d'avant en arrière, les refoule en haut et en bas, et doit, en conséquence, amener une augmentation notable du diamètre vertical du corps qui, se gonflant entre les deux valves, les écarte l'une de l'autre, mais surtout en avant, par suite de la disposition des *peaussiers verticaux*. Dans cet état, une contraction légère des muscles post-adducteurs suffit pour amener une diduction fort étendue des extrémités antérieures des valves ; un mouvement inverse peut avoir lieu, et lorsque l'animal s'est ainsi *gonflé* il peut, à son gré, en faisant prédominer les pré-adducteurs ou les post-adducteurs, rapprocher les valves par l'une ou l'autre de leurs extrémités, en ouvrant l'extrémité opposée. Ce mécanisme, assez différent de celui que présentent les Térébratules, fournit une explication du mouvement des valves, très-naturelle et surtout beaucoup plus intelligible que la théorie bizarre qu'avait imaginée Cuvier, dans un Mémoire célèbre, mais peu digne, au fond, de la grande et juste réputation de son auteur.

§ 4. — DES BRAS.

Article premier. —*De la Configuration générale des bras.*

Bien que les bras soient une dépendance et comme une émanation de la partie antérieure du corps de l'animal, leur forme singulière et la complication de leur structure obligent de les considérer à part et d'en faire l'objet d'un article spécial.

Leur masse, assez grande relativement, est suspendue au devant du corps entre les deux valves du manteau. Elle n'est point soutenue par un échafaudage calcaire, plus ou moins compliqué, ainsi que cela a lieu dans les Térébratulidés, mais simplement attachée sur le milieu du *bourrelet* (1), c'est-à-dire immédiatement au-dessus de la base du *renflement pédiforme*, par une sorte de col étranglé, très-court, que dissimule une collerette

(1) Voy. § 3. p. 71.

fort élégante de cirrhes charnus dont nous parlerons dans un instant.

Cuvier n'a rien dit qui vaille sur ces organes singuliers; il suppose, je ne sais d'après quel indice, qu'ils sont organisés à l'intérieur comme ceux des Seiches, supposition difficile à comprendre de la part d'un homme qui avait, en général, une si ferme intuition de la spécialisation des formes organiques dans les différents'groupes du règne animal. C'est à M. Vogt que sont dus les premiers détails exacts sur leur anatomie.

Ils ont pour base une sorte de masse cylindrique, horizontale, dont les deux extrémités se prolongent en deux cônes très-atténués qui se portent en avant, puis s'enroulent en dedans en deux spirales symétriques. Il est bon de remarquer, dès à présent, que les tours de spire ne peuvent être déroulés par aucun artifice (1) ; ils peuvent, à la vérité, se desserrer plus ou moins, sous l'influence de l'élasticité propre aux tissus, et peut-être aussi par suite de l'injection de quelque liquide intérieur, mais il y a un degré extrême d'écartement qui ne peut être dépassé ; un muscle particulier les resserre plus ou moins, au gré de l'animal, ainsi que nous le verrons dans un instant.

C'est à ces cônes spiraux que Cuvier a imposé la dénomination assez impropre de bras, d'où ce nom de brachiopodes donné à la classe tout entière, nom qu'il faudrait évidemment changer, si les changements, les plus légitimes en apparence, n'ajoutaient d'une manière fâ-

---

(1) M. Vogt a signalé cette impossibilité de dérouler les spires; mais il en trouve la cause dans l'action qu'exerce sur les tissus des Lingules l'esprit-de-vin où elles sont conservées. Cuvier avait commis déjà la même erreur ; en réalité, cette impossibilité résulte d'une organisation spéciale.

cheuse à la confusion de la nomenclature. Quoi qu'il en
soit, ces prétendus bras ont une structure spéciale que
nous allons essayer de décrire.

Pour rendre cette description plus facile, nous y distinguerons dès à présent plusieurs organes remarquables savoir :

1° Un tube principal qui en forme en quelque sorte la
charpente ; ce tube, toujours béant, sera appelé *tube basilaire* ;

2° Un canal latéral ou postérieur (1) appliqué sur la
paroi du tube précédent ;

3° Deux bandes accessoires auxquelles nous donnerons
le nom de *lèvres*.

1. Chaque bras à son tube basilaire propre ; les bases
de ces deux tubes s'unissent, il est vrai, en une seule
masse au-dessus de l'œsophage et de la bouche ; mais une
cloison médiane sépare et distingue absolument leurs cavités. Il y a donc en réalité deux tubes basilaires physio-
logiquement indépendants malgré leur union apparente,
et comme l'a très-bien vu M. Vogt, il n'y a entre eux
aucune communication intérieure.

Leurs parois sont formées d'un tissu résistant et d'aspect fibro-cartilagineux ; plus épaisses vers la convexité
de la spire, elles portent de ce côté une sorte d'arête
saillante, épaisse, d'où naît la paroi propre du canal latéral. Nous donnerons à cette arête le nom de *talon*,
afin d'abréger les descriptions ultérieures.

2. *Le canal latéral* (canal postérieur *Hanck.*) est appliqué en arrière sur la charpente résistante du tube basilaire dont la paroi lui sert de limite en avant ; il n'a

(1) M. Vogt qui a, le premier, parlé de ce deuxième canal, n'en a pas
suffisamment défini les rapports. Il en parle comme d'un appendice
membraneux résultant d'un dédoublement de la peau sous le nom de
Haut duplikatur.

donc en propre que sa paroi postérieure ou externe. Celle-ci est assez mince, mais fibreuse et très-solide ; elle est

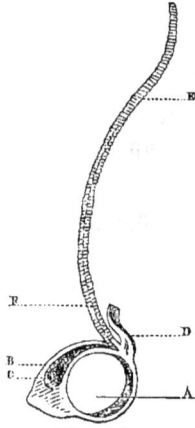

Fig. 13.

EXPLICATION DE LA FIGURE 13.

Coupe transversale de l'un des bras à sa partie moyenne.

A. Tube basilaire.

B. Canal accessoire ou latéral.

C. Muscle intérieur.

D. Lèvre antérieure.

E. Cirrhe de la lèvre postérieure.

unie d'une part à cette arête saillante que nous venons de désigner sous le nom de *talon*, et s'attache d'autre part sous un angle très-aigu sur le côté supérieur du tube basilaire ; toutes ces parties d'ailleurs forment un ensemble de choses continues qu'on ne distingue que par artifice et pour la commodité plus grande des descriptions.

Si j'ai clairement exprimé cette disposition, il sera aisé de comprendre, qu'en raison de son application au tube basilaire, le canal latéral a une paroi externe ou postérieure très-convexe, tandis que l'interne, celle qui s'applique au tube, est concave ; qu'en outre, par suite de l'attache de sa paroi propre à la saillie du talon, son bord inférieur est très-dilaté, tandis que son bord supérieur est tranchant. Disons dès à présent que cette dilatation du bord inférieur loge le muscle rétracteur des spires (*fig*, 14. C.). Nous remarquerons d'ailleurs, et nous prouverons dans un instant, qu'il n'y a pas, entre les canaux latéraux des deux bras, la même indépendance que nous ont offerte les tubes basilaires.

3. Je passe à la description des *lèvres*. Elles se présentent sous la forme de deux longues bandes attachées par un de leurs bords le long des bras dont elles suivent tous les contours ; — l'*antérieure* est épaisse à sa base et tranchante à son bord libre ; un petit canal, que M. Hancock a très-bien décrit dans ces derniers temps, parcourt sa base dans toute sa longueur ; — la *postérieure*, bien que fort résistante, est beaucoup plus mince ; sa base touche à la fois à celle de la lèvre antérieure et au bord tranchant du canal latéral ; ces deux lèvres passent sans interruption d'un bras à l'autre ; ainsi elles sont communes à tous les deux. Ce rapport est indiqué dans la figure 15.

La lèvre postérieure est surtout remarquable par les cirrhes allongés qui garnissent son bord d'une frange aussi riche qu'élégante. Cette frange forme, au-dessus de la commissure transverse des bras, une collerette qui s'applique au corps en recouvrant le col étroit qui les supporte. C'est en ce point que les cirrhes sont les plus courts ; de là la frange se continue, comme la lèvre antérieure, jusqu'à l'extrémité des bras ; chemin faisant, les cirrhes s'allongent de plus en plus, et ils m'ont semblé offrir leur plus grande longueur vers le sommet des spires. Cette longueur paraît d'ailleurs varier suivant les espèces ; elle est évidemment plus grande dans la *Lingula hians* que dans l'*analina*. Dans cette dernière, les cônes des bras, bien qu'avec des bases plus larges, sont évidemment plus courts, et leurs spires sont beaucoup plus serrées.

Les cirrhes vus à la loupe sont comparables à de petits vers annelés. Leurs racines, profondément implantées dans la lèvre postérieure, pénètrent distinctement jusqu'à sa base et donnent à sa surface un aspect cannelé ; cette implantation, d'ailleurs, ne se fait pas sur une même ligne, mais sur deux, en formant deux séries parallèles d'éléments alternants; toutefois ces séries sont si rapprochées l'une de l'autre qu'elles paraissent, au premier abord, confondues en une seule rangée.

M. Vogt a, le premier, donné des détails intéressants sur la structure intime de ces organes.

« Ce sont, dit-il, des organes très-flexibles, entière-
« ment dépourvus d'articulations, creux d'une extrémité
« à l'autre, et formés d'une membrane uniformément
« épaisse, qui m'a parfois semblé entourée d'un filament
« spiral (1), mais je n'ai pu me faire là-dessus aucune
« conviction. Chaque brin, étiré dans toute sa longueur,
« se présente sous la forme d'un cæcum que remplit pro-
« bablement, pendant la vie, un liquide intérieur;... dé-
« chire-t-on un de ces brins, on voit, sur les points dé-
« chirés, apparaître les extrémités d'un nombre infini de
« fines fibres celluleuses qui composent le tissu de ses
« parois. Ces fibres sont disposées longitudinalement et
« donnent au brin, quand on l'examine au microscope,
« un aspect cannelé. Je n'ai » ajoute M. Vogt, « trouvé
« aucune communication entre les tubes des franges et
« celui des bras. »

J'ai vérifié en plusieurs points les observations de M. Vogt, il me semble cependant pouvoir y ajouter encore, ce qui excusera, je l'espère, les détails dans lesquels je vais entrer.

Chaque brin, dans sa partie libre, a pour axe un tube

(1) Ce filament spiral n'existe pas, ainsi que l'a fort bien remarqué M. Hancock.

aveugle, transparent, constitué par une membrane sèche d'une texture évidemment élastique et fibreuse. Les filaments très-fins qui la composent s'étendent parallèlement le long du tube, dont les parois ne présentent aucun pli. (*Fig.* 15, A. B.)

Autour de cet axe est une seconde membrane (E) mince, d'une épaisseur partout égale. Celle-ci présente des ondulations rapprochées, d'où résultent des plis an-

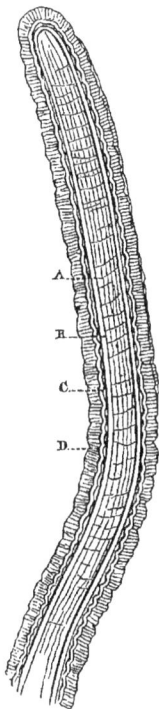

Fig. 14.

EXPLICATION DE LA FIGURE 14.

Extrémité libre de l'un des cirrhes.

A. Stries longitudinales du tube intérieur élastique.

B. Limites du tube intérieur,

C. Membrane molle qui le revêt.

D. Epithélium.

nulaires. Cette membrane, que je considère comme une émanation de la peau de l'animal est, à son tour, revêtue d'un épithélium épais d'environ 0^{mm},070 et formé de cellules cylindriques, très-serrées, qui portaient peut-être, pendant la vie de l'animal, des cils vibratiles (D). La couche épithéliale présente des plis annulaires qui répètent ceux de la membrane sous-jacente et s'effacent probablement pendant la turgescence des cils, sous l'influence de fluides injectés au gré de l'animal.

La partie radiculaire des cirrhes s'enfonce profondément et en ligne droite dans des tubes distincts qui traversent parallèlement la lèvre postérieure, de son sommet à sa base ; elle pénètre ainsi jusqu'au niveau du bord tranchant du canal postérieur, après quoi elle forme un petit coude en s'inclinant vers la base de la lèvre antérieure et s'y termine en pointe mousse. La structure de la portion directe est identique à celle de la portion libre ; elle garde son épithélium ; le tube intérieur y conserve son diamètre et s'y renfle même d'une manière sensible ; mais après le coude il se rétrécit brusquement et se termine en pointe effilée. Dans ce point, la racine est dépourvue d'épithélium et présente l'apparence d'une tige pleine ; elle s'enfonce, d'ailleurs, si profondément vers la base de la lèvre antérieure, que M. Hancock l'a crue, mais à tort, en rapport immédiat avec le canal qui parcourt cette base et qu'il fait communiquer, par des ouvertures latérales, avec le système entier des cirrhes ; nous reviendrons dans un instant sur cette question si intéressante pour la physiologie des Lingules.

C'est au fond du sillon qui sépare les deux lèvres que s'ouvre, dans le plan médian du corps au-dessous de la commissure des tubes basilaires, une petite bouche transversalement elliptique, aux bords finement plissés, à laquelle la lèvre antérieure forme une sorte d'opercule saillant qu'un petit tractus musculaire peut abaisser et rétracter ; ces rapports justifient le nom de lèvres que je viens d'employer. Les bras sont réellement un appendice de la bouche, un véritable appareil labial ; c'est là un point d'anatomie si facile que je ne puis concevoir comment Cuvier a méconnu ce rapport et placé dans ses figures la bouche au sommet du renflement pédiforme, où il n'existe aucune ouverture ; erreur inexplicable qu'ont su éviter M. Vogt, et après lui tous les observateurs, mais que des compilateurs trop confiants ont malheureusement répétée.

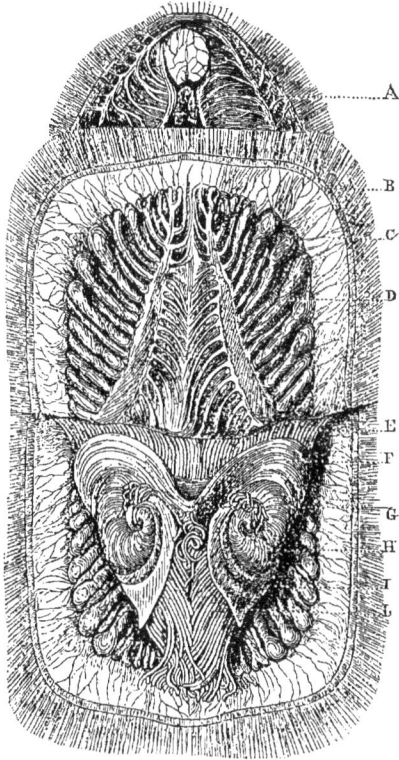

Fig. 15.

EXPLICATION DE LA FIGURE 15.

A. Extrémité postérieure du corps.—B. Lobe supérieur du manteau renversé pour découvrir les bras.—C. Bourrelet dans la base duquel les cils sont implantés.—D. Sinus marsupiaux. — E. Collerette formée au dessus du col des bras par les franges de la lèvre postérieure. — G. Partie médiane de la lèvre inférieure formant un opercule saillant sous lequel est placé la bouche. — H. Tubes basilaires des spires. — I. Saillie du canal postérieur. — J. Lèvre antérieure.

J'ai représenté (*fig.* 15) l'ensemble de l'animal et de ses bras d'après un fort bel individu du L. *anatina*. J'ai essayé, autant que me l'a permis l'incurie des graveurs, d'en rendre exactement la physionomie. En effet, il m'a toujours semblé qu'une étude approfondie des formes extérieures est le préliminaire indispensable de toute description anatomique, surtout quand il s'agit de ces types rares que les jeunes gens, dont il faut toujours avoir en vue les intérêts, alors même qu'on semble ne point écrire pour eux, ne se procurent qu'avec une extrême difficulté.

Art. 2. — *Dispositions intérieures et relations des parties qui composent les bras.*

Nous avons déjà dit que les tubes basilaires ne communiquent point l'un avec l'autre et n'ont aucun rapport avec les franges. Communiquent-ils avec la cavité viscérale? M. Vogt le nie absolument. Il dit, en effet, dans son Mémoire : « *Nirgends findet sich in der ganzen Verlaufe der Röhre eine Oeffnung, wodurch diese mit den umgeben medien oder met einer inneren Höhle kommunizirte; die Röhre einer jeden Armes ist demnach durchaus selbstandig und für sich abgeschlossen* (1). » Cette communication me paraît toutefois certaine. Elle s'établit de la manière suivante :

Les cavités des tubes basilaires ne se terminent point d'une manière brusque à leur base. En arrière de la cloison qui les sépare, chacun d'eux s'ouvre dans une sorte de cellule ou d'arrière-cavité très-peu profonde, il est vrai,

_____

(1) Vogt. L. C. p. 9.

mais distincte, dont les parois fibreuses sont minces et transparentes (1). Son ouverture est située contre la cloison et bordée, d'autre part, par une sorte de valvule semilunaire. C'est dans le fond de cette arrière-cellule que s'établit la relation du tube avec le grand sinus du corps, par deux petits oscules aux lèvres, si rapprochés qu'ils sont, en certains cas, très-difficiles à découvrir; toutefois, une fine soie de sanglier peut s'y engager aisément et pénétrer dans le corps sur les côtés du pharynx. Peut-être ces ouvertures sont-elles dilatables; mais, en général, elles m'ont paru disposées de manière à permettre plus aisément le passage des fluides du corps dans les bras, que leur retour vers le corps.

L'espace médian, qui sépare en arrière de la commissure des tubes basilaires leurs arrière-cavités, est occupé par une grande cellule, aux parois fibreuses, qui fait elle-même partie de la charpente des bras et que M. Hancock a récemment décrite avec une rare exactitude. Elle est divisée en deux chambres par une cloison médiaire, et chacune des chambres communique à son tour avec la cavité viscérale par un petit conduit qui passe au-dessus du pharynx.

Cette vésicule est, à proprement parler, un prolongement et une émanation directe de la cavité viscérale; lorsque les contractions du corps amènent sa turgescence, le système entier des bras se soulève; elle doit s'affaisser, au contraire, quand ils s'abaissent. Ces mouvements sont indépendants des mouvements propres des bras. A cet égard, l'existence de cette vésicule a une

(1) Cette cellule ne serait-elle pas un vestige de cette ampoule dans laquelle, suivant M. Huxley, s'ouvre la base des *bras* dans les *Rhynchonella?* (in *Proceedings of the R. S.* vol. VII, n° 5, page 106.)

grande importance. Nous proposons de l'appeler *vésicule intermédiaire*.

C'est sur les côtés de la vésicule intermédiaire que les canaux postérieurs semblent se terminer en arrière. M. Hancock soupçonne qu'ils communiquent chacun avec une de ses chambres latérales ; mais il a, dit-il, échoué dans la recherche de cette communication ; s'ouvriraient-ils dans la cavité du corps par quelque voie spéciale et jusqu'ici méconnue ? C'est ce que nous allons dire dans un instant.

Les tubes basilaires n'ont aucun rapport avec les cirrhes des franges, et paraissent servir exclusivement à la locomotion des bras. On peut se demander s'il en est de même des canaux accessoires. M. Hancock l'a pensé, il est vrai ; ce savant anatomiste admet qu'ils sont les principaux agents du déroulement des bras ; mais leurs relations impliquent une plus haute importance. La recherche de ces relations, très-complexe, m'a donné beaucoup de peines ; mais du moins, n'ont-elles pas été entièrement perdues. A cet égard, je n'avancerai rien ici qui n'ait été vérifié par tous les moyens possibles et surtout par des injections plusieurs fois répétées.

A. Si après avoir détaché un bras par sa base, on pousse dans le canal postérieur ou latéral une injection colorée, cette injection remplit à l'instant toutes les franges ; mais la lèvre antérieure demeure absolument blanche ; l'observation microscopique fait voir également que rien n'a pénétré dans le canal qui parcourt sa base ; cette première expérience démontre, en premier lieu, que ce dernier canal n'a aucun rapport avec la cavité des cirrhes et que la communication admise par M. Hancock n'existe pas ; elle démontre, en second lieu, que le canal postérieur est l'a-

nalogue du canal commun des franges des Térébratulidées
et ne constitue point un organe propre aux Lingules,
comme l'a récemment enseigné ce savant anatomiste.

B. Faisons maintenant une expérience inverse ; poussons sur une Lingule encore intacte, par le sommet de
l'un des bras, une injection colorée dans le canal postérieur ; cette injection passe à l'instant d'un bras dans
l'autre ; mais non-seulement le système entier des
cirrhes se colore, la lèvre antérieure elle-même et son
canal basilaire sont pénétrés d'un bras à l'autre et dans
toute leur étendue. Cette seconde expérience démontre
deux faits importants, savoir : 1° que les canaux postérieurs des deux bras communiquent entre eux par quelque canal intermédiaire ; 2° qu'ils s'abouchent avec la
base des petits canaux de la lèvre antérieure.

Ces relations sont désormais prouvées, mais il est utile
d'entrer plus profondément dans le détail des dispositions
internes, de donner en d'autres termes une anatomie
précise de ses rapports.

Au point où les canaux postérieurs semblent se terminer sur les côtés de la *vésicule intermédiaire*, il s'en détache, en manière de cornes, deux prolongements presque
capillaires, l'un antérieur, l'autre postérieur, qui sont en
quelque sorte à cheval sur le tube basilaire et dans lesquels l'injection passe aisément.

Le *postérieur* chemine obliquement dans l'épaisseur
même de la paroi supérieure de la *vésicule* et vient s'ouvrir, au-dessus du pharynx, dans la région viscérale ; on
peut même, avec quelques précautions, y engager une
fine soie de sanglier. Ainsi, par leurs cornes postérieures,
les canaux accessoires communiquent directement avec
la cavité du corps.

Le prolongement *antérieur* passe, au-dessus de la bouche, dans la base de la lèvre postérieure, et s'anastomose transversalement avec celui du côté opposé. C'est à la faveur de cette anastomose que l'injection passe d'un des canaux dans l'autre ; d'ailleurs, l'existence de cette communication était rendue probable par la continuité de la frange passant, sans aucune interruption, d'un bras à l'autre.

De cette traverse anastomotique naissent aux deux côtés de la bouche deux branches qui viennent s'ouvrir symétriquement dans la partie transverse du *canal propre* de la lèvre antérieure. Voilà comment ce canal s'injecte par le canal postérieur ; voilà comment, dans ces injections, la lèvre entière se colore. De leur côté, les petits canaux qui parcourent, dans chaque bras, la base de la lèvre inférieure, s'inclinent au devant de la commissure des tubes basilaires, la contournent à droite et à gauche du tubercule médian de la lèvre et viennent s'ouvrir au-dessus du renflement pédiforme dans la cavité viscérale ; une anastomose transverse unit ces deux troncs dans l'épaisseur même de la lèvre ; ils communiquent, en outre, avec la traverse anastomotique des canaux latéraux par deux branches situées symétriquement aux deux côtés de la bouche. On voit donc qu'il n'est pas une seule cavité des bras qui n'ait un rapport immédiat avec la grande cavité du corps.

Il était curieux de rechercher si la coloration de la lèvre antérieure, dans les injections, résultait d'une simple diffusion ou de l'injection régulière d'un réseau défini. L'observation microscopique justifie cette dernière hypothèse. La gélatine colorée avec une solution de carmin ammoniacal, dont M. le docteur Gerlach a obtenu de si beaux résultats, m'a rendu, dans cette recherche, d'incontestables services.

Le réseau vasculaire de la lèvre inférieure, le mieux défini de tous ceux qu'on observe dans la Lingule, a la forme d'une dentelle aux mailles très-serrées. Les vaisseaux les plus gros y ont tout au plus $0^{mm},02$ de diamètre. Les aréoles les plus grandes ne dépassent par $0^{mm},04$. C'est donc là un réseau des plus délicats et d'une extrême élégance ; il est immédiatement situé sous la couche épithéliale.

Outre le réseau dont je viens de parler, nous signalerons encore des branches qui naissent immédiatement de la base des canaux intérieurs des cirrhes et décrivent, dans l'épaisseur des parois du canal accessoire, des anses parallèles. Ce réseau paraît beaucoup moins riche que le précédent ; mais nous n'oserions l'affirmer absolument parce que le tissu de ces parois peut se prêter moins à la réussite parfaite des injections dans des animaux condensés par une longue macération dans l'alcool. Nous avons essayé de représenter ces dispositions si compliquées, (Pl. VI, fig. 1 et 2.)

Ces réseaux, ces communications réciproques de canaux et de courants, donnent évidemment l'idée d'un système vasculaire compliqué ; s'agirait-il ici de veines véritables? Nous dirons plus tard ce que nous pensons là-dessus. Quoi qu'il en soit, ces veines n'auraient aucun rapport direct avec ce que M. Hancock a appelé *veine branchio-systémique.*

Art. 3. — *Observations physiologiques sur une théorie rationnelle du mouvement des bras, fondée sur les observations précédentes.*

Si j'ai clairement exposé les faits précédents, il paraîtra, je l'espère, assez facile de concevoir le mécanisme des mouvements des bras. L'œil découvre les faits, mais la raison voit leurs conséquences. Il y a évidemment dans le système des bras des mouvements d'ensemble et des mouvements de détails ; les premiers déplacent, en divers sens, toute la masse ; d'autres influent sur chaque bras considéré à part et le meuvent en totalité ; d'autres enfin modifient les appendices des bras, c'est-à-dire les cirrhes des franges et la lèvre antérieure.

A. Les mouvements d'ensemble se résument en ceci : 1º la base des bras se roidit, se dresse en quelque sorte et emporte tout le système ; ce mouvement résulte d'une injection de fluides dans la vésicule intermédiaire. 2º Elle s'abaisse vers la valve inférieure ; ce mouvement d'abaissement est actif et dépend d'un petit muscle abaisseur qui vient se fixer à la crête médiane de la valve inférieure, en traversant, en quelque sorte, le noyau du renflement pédiforme. (Voy. *fig.* 9. K.)

B. Les mouvements propres des bras, en totalité, dépendent exclusivement des tubes basilaires.

1º Sous l'impulsion d'un fluide injecté, ces tubes s'allongent. L'élasticité de leurs parois, leur contractibilité peut-être, contribuent à cet allongement : ainsi les tours de spire peuvent se desserrer un peu et les bras s'allonger de la sorte plus ou moins, mais sans jamais se dérouler entièrement.

2° Le resserrement des tours de spire, la constriction des bras, dépend évidemment du muscle rétracteur, l'expérience le démontre immédiatement.

C. Les mouvements des lèvres sont également dus : celui d'expansion, à une érection véritable ; celui de constriction à la rétractilité ou plutôt à la contractilité de la lèvre antérieure et des franges.

— Ainsi toute expansion, tout allongement dépendent, dans cette organisation, d'une érection véritable, absolument comme cela a lieu dans les Mollusques gastéropodes (1). Je ferai d'ailleurs remarquer l'indépendance réciproque de tous ces mouvements. Chaque organe a son orifice spécial d'injection et son muscle rétracteur, chacun d'eux conserve son autonomie, et bien qu'unis pour une fonction commune, ils demeurent distincts et libres quant à leurs actions spéciales.

Art. 4. — *Des éléments microscopiques de la structure des bras.*

A. On distingue très-manifestement dans la paroi des tubes basilaires plusieurs éléments distincts, savoir :

1° Une couche fondamentale d'aspect fibro-cartilagineux ; elle paraît homogène au premier abord ; mais, en y regardant avec plus d'attention, on y distingue des fibres d'une prodigieuse finesse et tout à fait semblables aux fibres qui composent le derme. Cette couche me paraît donc représenter, dans les bras, la peau du corps de l'animal.

2° Une couche mince formée de fibres parallèles très-sèches ; elle double intérieurement le tube formé par la

(1) Il est curieux de voir reparaître les grands sinus vasculaires partout où l'extension suppose une érection nécessaire ; il me paraît donc impossible de les considérer comme un signe de dégradation, ainsi qu'on l'avait d'abord admis avec trop de précipitation peut-être.

4

première; ces fibres forment, à la base des bras, des anses obliques. Plus loin, elles se rapprochent de la direction transversale. Leur diamètre $= 0^{mm},0018$. Elles sont très-probablement contractiles, mais je n'oserais absolument l'affirmer.

3° Une couche épithéliale interne, formée de granules peu distincts, et très-mince.

4° Une couche épithéliale externe, un peu plus épaisse que la précédente. C'est manifestement un épithélium cylindrique. Les cellules composantes comptent environ $0^{mm},029$ de hauteur. Leur diamètre est très-peu considérable; il est d'ailleurs fort difficile à bien apprécier; il m'a paru égaler environ $0^{mm},006$.

B. Dans le canal postérieur se retrouve une structure analogue, mais non absolument identique. Sa paroi se compose également de quatre couches, savoir :

1° Le derme; il est très-peu épais; d'ailleurs les éléments sont semblables à ceux de la couche analogue dans les tubes basilaires.

2° Une couche fibreuse doublant la précédente. Elle est composée de fibres absolument pareilles à celles que la couche analogue présente dans les tubes basilaires.

3° Un épithélium interne très-mince formé d'éléments que je n'ai pu distinguer assez nettement pour les mesurer avec certitude.

4° Un épithélium externe, épais, pavimenteux. Les cellules qui le composent sont brillantes et elliptiques, leur diamètre est compris entre $0^{mm},01$ et $0^{mm},007$.

C. On trouve dans la base des deux lèvres des fibres très-fines et très-rares, dont les unes se dirigent de leur base à leur bord libre, et sont croisées à angle droit par les autres. Cette structure est d'une extrême délicatesse. Ce tissu est recouvert d'un épithélium pavimenteux très-épais, tout à fait semblable à celui qui recouvre les

canaux postérieurs ; on trouve jusque sur la partie
moyenne des cirrhes les grandes cellules qui le caracté-
risent. Je n'ajouterai rien à ce que j'ai dit plus haut sur la
structure des franges.

§ 5.—*Des grands lobes ou feuilles du manteau.—De leurs
sinus et de leurs muscles.*

(a) Ces lobes, au nombre de deux, doublent immédiatement les valves de la coquille dont ils ont exactement l'étendue et la forme. Ils débordent de toutes parts
le corps compris entre eux, et se prolongent surtout en
avant, de manière à recouvrir en entier et à dépasser de
toutes parts la masse des bras.

Semblables, à beaucoup d'égards, à ceux des Térébratules, ils sont remarquables par leurs sinus, leurs
vaisseaux et surtout par les cils brillants qu'ils portent
comme une frange de fils d'argent. M. Vogt les a décrits,
si je puis ainsi dire, avec amour ; mes conclusions, cependant, ne sont pas en tout semblables aux siennes : ai-je
manqué d'habileté dans mes recherches ? Rien n'égale
sans doute celle de M. Vogt, mais sur quelques points j'ai
vu autrement que lui, et j'exprimerai mon opinion avec
franchise : *Amicus Plato, sed magis amica veritas.*

Les lobes du manteau, semblables en ceci à ceux des
Térébratulidés, sont chacun formés de deux lames : l'une,
extérieure, que M. Vogt appelle *feuillet ciliaire,* et que je
nommerai feuillet pariétal, revêt immédiatement la surface profonde des valves. Elle a pour éléments des fibres
pâles d'une extrême finesse ; sa surface est toute hérissée
de petites granulations coniques, abondantes, surtout
dans cette partie du feuillet pariétal qui recouvre la
cavité viscérale ; l'autre lame ou feuillet libre (*lame branchiale* de M. Vogt), a une structure absolument pareille.
Elle double les lobes du manteau, se réfléchit sur le corps

de l'animal et se continue avec la charpente des bras. Un plan de fibres très-fines (1) qui divergent, à partir de la ligne médiane, en manière de *chevrons* parallèles, s'étale entre ces deux lames constituantes. On y trouve aussi de grands sinus vasculaires et peut-être aussi des filets nerveux ; mais je n'ai pu constater, avec une certitude suffisante, l'existence de ces filets (2).

Les deux lames dont nous venons de parler s'unissent au pourtour des valves en un bord très-mince que soutiennent des fibres musculaires rayonnantes. Un peu en dedans de ce bord et au-dessous de lui, un *bourrelet* velouté, large de deux ou trois millimètres, circonscrit sur leur face libre l'aire des lobes du manteau ; un petit sillon peu profond le distingue d'avec le bord proprement

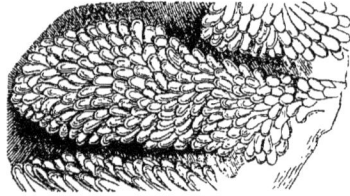

Fig. 16.

dit, ce bourrelet a été peu étudié ; il est composé d'une multitude de papilles transparentes, dont la longueur égale environ $0^{mm},023$, et la largeur $0^{mm},015$. Ces papilles, rapprochées et serrées les unes contre les autres, constituent des groupes d'aspect tomenteux, que séparent des intervalles disposés comme un réseau de courants ceignant des îles très-rapprochées. (Voy. fig. 16.)

(b) *Des cils.* — C'est au fond du sillon qui sépare le bord du manteau du bourrelet que s'implantent les singuliers organes connus sous le nom de cils. Ils n'ont rien

(1) Leur diamètre — $0^{mm},00033$ tout au plus.
(2) M. Owen admet dans la Lingule un système nerveux palléal aussi développé que dans les Térébratules. J'avais cru moi-même, dans un premier examen, à l'existence de nerfs très-développés ; mais j'ai reconnu depuis mon illusion. Ces nerfs existent, à coup sûr, mais ils sont trop peu développés pour être aisément décrits dans leur ensemble.

de commun avec les cils vibratiles ; ce sont des poils articulés ; ils prennent naissance dans des tubes peu profonds qui rappellent assez bien ceux des bulbes pilifères. M. Vogt, qui a décrit ces bulbes avec beaucoup d'exactitude, leur donne le nom de tubes ciliaires ; ils m'ont paru être presque exclusivement composés de petites cellules elliptiques et sont flanqués de toutes parts par les fibres rayonnantes des muscles palléaux.

Les cils qui s'échappent de ces tubes ont un aspect remarquable ; on dirait des fils d'or ou d'argent ou plutôt de verre filé. Leur extrémité libre se termine en pointe aiguë ; c'est la plus brillante ; le bout opposé est beaucoup plus pâle ; il s'atténue également, mais se termine par une extrémité tronquée, molle et très-finement denticulée. Il est aisé de reconnaître que les cils sont tubuleux ; leurs parois sont finement striées dans le sens de leur longueur. Ils sont, en outre, remarquables par des articulations très-apparentes, qui leur

Fig. 17.

donnent l'aspect de tiges de prêle dont les articles seraient très-courts.

Ces articulations sont surtout apparentes dans la partie extérieure des cils ; elles sont moins distinctes dans leurs parties radiculaires ; elles y sont aussi plus courtes et plus larges. Vers le milieu de la longueur du cil, elles présentent leur maximum de dimensions (1).

(1) Le tableau ci-joint rendra ces différences sensibles. Les mesures ont été prises sur un cil de moyenne grandeur.

	Longueur des anneaux.	Largeur des anneaux.
Partie extérieure vers son milieu.	0mm,025	0mm,005
Partie intérieure ou radiculaire.	0mm,030	0mm,040
Partie intermédiaire.	0mm,055	0mm,050

Les cils sont cassants. Ils sont, en général, plus longs
en avant et surtout vers les angles extérieurs des valves
que partout ailleurs. Leur existence, dont les zoologistes
classificateurs avaient à peine tenu compte, est certainement un des caractères principaux de l'organisation des
Brachiopodes.

M. Vogt, mal inspiré par les premières hypothèses de
M. Owen, suppose qu'ils peuvent déterminer, par leurs
mouvements, des courants entre les deux lobes du manteau ; cette manière de voir me paraît peu exacte. Ce célèbre anatomiste est plus heureux à mon sens, quand il
les considère comme pouvant jouer le rôle d'organes tac-
tiles, à la manière des grands poils des moustaches chez
certains mammifères. Cette opinion ingénieuse est fondée
sur une appréciation très-juste de la nature de ces singuliers organes qui sont de véritables poils ; mais leur usage
principal n'est pas celui-là, leur rôle est essentiellement
protecteur ; ils garantissent l'animal comme les cils qui
garnissent les paupières protégent les yeux de l'homme ;
c'est là leur véritable usage ; ils constituent, en effet, une
sorte de crible qui filtre, en quelque sorte, l'eau ambiante,
laisse passer les infusoires dont la Lingule fait sa nourri-
ture, mais oppose une barrière résistante aux invasions
des êtres ou des matières qui pourraient lui être nuisibles.
Cette remarque explique aisément pourquoi, dans les espèces connues, ces cils s'allongent en raison de l'épaisseur du corps et du degré de l'écartement normal des valves.

(c) *Des sinus palléaux (figure. 15. D.)* — Tous les
auteurs, depuis Cuvier, se sont, à l'envi, exercés sur ces
sinus dont la disposition élégante frappe au premier
abord les yeux ; je n'en donnerai donc ici qu'une description succincte en renvoyant, pour plus de détails, au
beau Mémoire et aux planches de M. Vogt.

Ils n'ont point de parois distinctes de la substance

même du manteau; des cloisons, qui passent dans chaque lobe de sa lame pariétale à sa lame viscérale, divisent l'espace qui les sépare en compartiments réguliers; partout où existent ces cloisons, leur trace est marquée sur la lame pariétale par une strie blanche qui adhère fortement aux valves de la coquille. Ces stries, d'aspect nacré, permettent de constater, sans aucune difficulté, la distribution des cloisons et, en conséquence, la disposition réelle des compartiments, ou, si l'on veut, des sinus qu'elles limitent. Pour la commodité de la description, nous distinguerons parmi ces sinus, des troncs et des branches.

Les troncs sont au nombre de deux sur chaque lobe du manteau ; leurs bases s'ouvrent dans la cavité viscérale, vers l'extrémité antérieure des cœurs, c'est-à-dire un peu en dehors des muscles préadducteurs. Ils se dirigent de là vers l'extrémité antérieure du manteau, s'inclinent d'abord l'un vers l'autre, puis, au devant du renflement pédiforme, se rétrécissent brusquement, et, à partir de ce point, se portent parallèlement vers le bourrelet marginal des lobes. Tous les auteurs ont remarqué leur exacte symétrie sur laquelle il n'est pas besoin d'insister davantage. Les cloisons qui constituent leurs parois latérales sont épaisses relativement et laissent à la surface des lames pariétales des traces blanches très-marquées. Elles sont percées d'ouvertures rapprochées qui donnent entrée dans les branches, que nous distinguerons : en branches externes et en branches internes.

Les *branches externes* offrent une disposition très-régulière. Elles se dirigent vers les bords externe et antérieur des lobes en manière de chevrons parallèles. M. Vogt a remarqué, avec justesse, qu'elles ne sont pas toutes de grandeur égale et qu'on voit alterner de grands sinus avec d'autres beaucoup plus petits; les premiers forment, du côté de la lame viscérale, des saillies très-remarquables et se renflent vers leur extrémité en ampoules, parfois très-dilatées, qui ont été, mais à tort selon nous, considérées comme des branchies. Je leur donnerai le nom d'*Ampoules marsupiales*. Leur ensemble forme, dans cette aire des lobes que circonscrit le bourrelet marginal, une figure très-élégante qui frappe au premier abord les yeux.

Les branches *internes* sont beaucoup plus grêles que les précédentes ; elles sont surtout plus nombreuses. Les plus rapprochées du corps s'inclinent, en arrière, vers la ligne médiane ; les moyennes se dirigent à peu près transversalement, les extérieures se recourbent élégamment vers le bord antérieur des lobes ; elles sont évidemment ramifiées et forment, sous le renflement pédiforme et sous la peau de la paroi antérieure du corps, des réseaux assez compliqués ; les planches qui se trouvent à la fin du Mémoire peindront mieux que les paroles cette disposition curieuse.

Il est bon de faire remarquer ici que ces branches, si distinctes au premier abord, n'ont point des parois distinctes et propres à chacune d'elles. Une même cloison sépare deux branches et leur sert de paroi commune. Je ne saurais trop insister sur cette disposition.

Outre ces branches antérieures, les troncs communs des sinus fournissent, dès leur origine, un tronc secondaire qui se recourbe immédiatement dans cette portion des feuilles du manteau qui circonscrit le corps, et s'anastomose en arrière avec sa congénère du côté opposé. A ce tronc secondaire sont rattachés des branches externes qui se ramifient dans le bord du manteau et des branches internes qui rampent sur cette partie de la paroi viscérale que la coquille recouvre, et sont propres plus particulièrement à la région qui est immédiatement doublée par les *peaussiers verticaux* (1).

Outre ces sinus, je dois signaler encore des canaux creusés dans l'épaisseur de la lame transparente qui recouvre les viscères. Ils sont, sur chaque face de l'animal, disposés en deux troncs longitudinaux parallèles, d'où naissent des ramifications externes. Je les ai trouvés fréquemment remplies d'une masse d'un jaune orangé foncé que composaient des amas d'embryons développés. Je suppose qu'ils s'ouvrent à l'extérieur pour des raisons que j'expliquerai plus tard.

Quelle est la terminaison des sinus que nous venons de décrire, et surtout quel est leur rôle physiologique? M. Vogt a, le premier, essayé de résoudre la première de ces questions et il est arrivé sur ce point aux conclusions suivantes :

Il admet que les rameaux des branches externes, qu'il a surtout décrites, se terminent, de chaque côté, les plus antérieures par des extrémités aveugles; les postérieures s'ouvriraient, suivant lui, dans un sinus commun. Il admet, en outre, qu'un système artériel se ramifie sur les rameaux ampulliformes, et il en conclut, avec Cuvier, que les *cœcums* ampulliformes représentent des lames branchiales. Ces cœcums sont, d'après lui, absolument aveugles, et il n'en sort aucune ramification ultérieure. Je n'ai pu complétement accepter, à cet égard, les opinions de M. Vogt. Cette confluence des rameaux externes postérieurs qu'il signale, était probablement un fait accidentel et propre à l'individu qu'il a étudié; de plus, les ampoules ne sont point des sacs aveugles, et il en naît bien manifestement de petites ramifications qui se répandent dans l'épaisseur du bourrelet. Rien n'est plus facile que de cons-

(1) Ces faits ont été très-bien vus et parfaitement figurés par M. Hancock.

tater la communication immédiate des troncs communs des sinus avec la cavité du corps. Je ne puis m'empêcher de faire ici remarquer la grande analogie que ces faits présentent, en général, avec ceux qui ont été observés dans les Térébratules ; cette analogie ressortira mieux encore dans un instant.

J'ai étudié avec le plus grand soin l'organisation des parois des grands sinus et je n'y ai vu qu'une structure très-simple ; des fibres pâles d'une extrême finesse, mais très-nombreuses, et de petits granules ; des observations immédiates, sur des animaux vivants, devraient compléter celles-ci. Telles sont les remarques immédiates qu'il m'a été donné de faire sur la disposition des sinus du manteau dans les Lingules ; j'y ajouterai quelques détails dans un instant en parlant du système vasculaire.

(*d*) *Des muscles palléaux.* — Ces muscles appartiennent, évidemment, au système général des peaussiers ; nous avons cru, cependant, devoir les considérer à part. On distingue dans le manteau des Lingules deux ordres de muscles, savoir :

1° Les muscles marginaux, formés de faisceaux de fibres qui s'entre-croisent à leur origine dans la base du bourrelet marginal. Ils rayonnent en quelque sorte en pinceaux déliés dans le limbe des lobes du manteau, dont ils peuvent évidemment amener la rétractation.

2° Les muscles ou ligaments ciliaires.

Ces ligaments, que je crois contractiles, sont très-grêles et font le tour du manteau. Ils relient les extrémités radiculaires des cils, et terminent la série des muscles si compliqués des Lingules. En résumant ce que nous avons dit, nous en compterons vingt-cinq, savoir :

Pré-adducteurs.	2
Post-adducteurs.	2
Muscles obliques transverses.	3
Muscles obliques longitudinaux.	6
Peaussiers longitudinaux.	2
Peaussiers verticaux.	2
Peaussier du renflement pédiforme.	1
Rétracteurs des bras.	2
Abaisseur des bras.	1
Muscle marginal.	1
Ligament ou muscle ciliaire.	1
Transverse.	1
Muscle abaisseur de la lèvre.	1
Total.	25

Cette complication compense évidemment le défaut d'articulation des valves.

§ 6. Des Viscères.

A. *De l'Intestin.* — L'ensemble du canal intestinal, indiqué assez exactement par Cuvier, a été beaucoup mieux décrit par M. Vogt; sa disposition générale est beaucoup plus compliquée que dans les Térébratulidées, et son étendue relative beaucoup plus grande.

La bouche est située exactement sur la ligne médiane (1), au-dessous de la masse des canaux basilaires

(1) Cette bouche est franchement dirigée du côté de l'une des valves (celle que j'ai appelée dorsale), et je ne puis concevoir comment M. Vogt a été assez ébloui par les raisonnements *à priori* d'Agassiz, pour dépenser tant d'efforts à prouver le contraire (*Mémoire cité, page* 15). La symétrie parfaite des Brachiopodes saute, pour ainsi dire, aux yeux, et le sens de cette symétrie est déterminé de manière à ne permettre aucun doute sur l'existence d'une valve dorsale et d'une valve ventrale. Il a donc fallu revenir à cette opinion ancienne que M. Vogt qualifie de méprise grossière et qui est cependant l'expression d'une vérité incontestable.

des bras, entre la rangée transverse des cirrhes et la bande molle que j'ai désignée sous le nom de lèvre antérieure. (Pl. VII, fig. 2 *b*.) J'ai déjà indiqué cette relation en parlant des bras. L'orifice de cette bouche est elliptique, et ses bords, légèrement froncés, sont revêtus d'un épithélium velouté. Elle s'ouvre immédiatement dans une petite cavité aux parois finement plissées, dont l'intérieur ne contient ni langue, ni aucune espèce d'appareil triturateur.

Cette petite *bourse buccale* est séparée par un étranglement peu marqué, d'une grande dilatation intestinale de forme rhomboïdale, solidement maintenue par le peaussier transverse qui adhère à sa paroi, et dont le plan semble la couper en deux. A cette dilatation, qu'on peut considérer comme un grand sinus gastro-hépatique, fait suite un intestin médian, de forme tubulaire, qui traverse en droite ligne la cavité viscérale jusqu'à son extrémité postérieure. Il est maintenu dans cette position, par un mésentère membraneux que M. Owen a, si je ne me trompe, indiqué le premier, mais que M. Huxley a surtout parfaitement décrit dans les Brachiopodes. Dans les Lingules, ce mésentère est formé de deux lames triangulaires, parfaitement symétriques, qui, par leur base, adhèrent à toute la longueur de l'intestin médian et se fixent d'autre part, c'est-à-dire par leur sommet, sur les parties latérales du sac viscéral. Cette attache est assez compliquée et se fait de la manière suivante : Le bord antérieur du triangle se termine directement sur la paroi latérale qui lui correspond, vers le milieu de sa longueur (Fig. 18. M.); quant à son bord postérieur il se réfléchit, en quelque sorte, au-dessus du précédent qu'il croise, se prolonge en un limbe étroit qui suit le ventricule du cœur dans toute sa longueur (Fig. 18. J.) et vient, en dernière analyse, se terminer à la paroi de la cavité viscérale en un point qui correspond à peu près à l'ou-

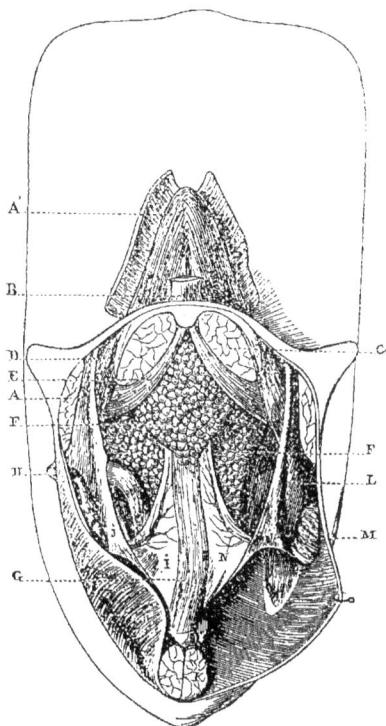

Fig. 18.

EXPLICATION DE LA FIGURE 18.

A-A′. Muscles obliques postéro-antérieurs formant (A′) le noyau du renflement pédiforme. — B. Bouche. — C. Muscles préadducteurs. — D. Muscles obliques antéro-postérieurs externes. — E. Muscles obliques antéro-postérieurs internes. — F. Lobe supérieur du foie. — F (à droite). Lobes inférieurs du foie. —G. Intestin médian fixé par les lames du mésentère.—H. Anus. — I. Lames triangulaires.— J. Leur prolongement cardiaque.— K.Muscles post-adducteurs. — L. Ventricule du cœur droit. — M. Oreillette.

verture centrale des troncs des grands sinus palléaux. On peut sommairement exprimer ces rapports en disant que chaque lame triangulaire du mésentère se renverse sur elle-même, pour s'attacher à la paroi viscérale vers son milieu, et, en outre, a toute la longueur de l'un des deux cœurs. La figure 18 indique ces rapports mieux que toutes paroles ne le pourraient faire.

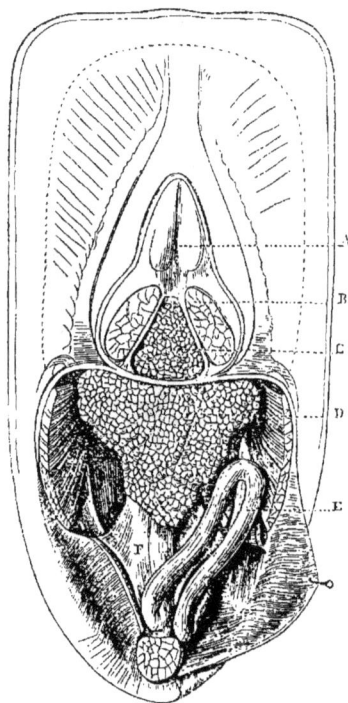

Fig. 19.

EXPLICATION DE LA FIGURE 19.

A. Base du renflement pédiforme. — B. Pré-adducteurs. — C. Petit lobe inférieur du foie. — D. Grands lobes inférieurs du foie. — E. Anse intestinale. — F. Mésentère qui fixe l'intestin médian.

Je reviens à l'intestin : parvenu au fond de la cavité viscérale, il devient entièrement libre et se replie en une anse allongée, qui s'avance sous la lame mésentérique gauche. Enfin, il se recourbe une seconde fois sur lui-même et vient se terminer par une ouverture anale très-distincte, sur le côté gauche du corps, entre les deux lames palléales, au sommet d'un petit tubercule conique qu'on y remarque. (Fig. 18. H.) J'ai figuré ces replis de l'intestin, d'après un individu très-bien conservé de *Lingula hians*. Dans cette espèce, l'anse ne présente aucun repli. (Fig. 19, E.) Elle se pelotonne, au contraire, d'une manière assez compliquée dans la *Lingula anatina*. Ces dispositions sont constantes et présentent, en conséquence, une valeur spécifique.

J'ai constamment, dans ces deux espèces, trouvé l'intestin rempli de carapaces de Systolides marins, de Rhizopodes et de Bacillariés (1). Il est donc probable que les

(1) Parmi ces débris j'ai rencontré, une seule fois, un ver dont les formes m'ont paru si singulières, que je ne puis m'empêcher de le décrire dans cette note. Qu'on se figure deux étoiles réunies par leurs centres, au moyen d'une tige intermédiaire. Les rayons dont ces étoiles étaient composées, avaient l'apparence de vers nématoïdes agames. Il m'a semblé

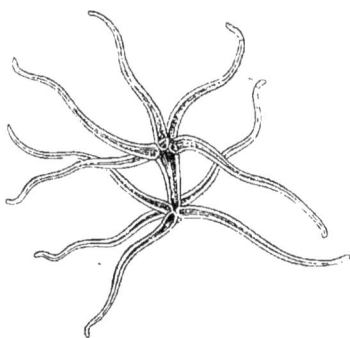

Fig. 20.

Lingules se nourrissent surtout d'infusoires. La structure de ses parois est très-simple. A l'extérieur, une membrane diaphane où se distinguent à peine quelques fibres pâles. et à l'intérieur un épithélium fort épais, le constituent exclusivement. Il m'a été impossible d'y constater avec certitude l'existence de fibres musculaires ; toutefois elle est au moins très-probable. Il serait difficile de concevoir le passage régulier du bol alimentaire dans un tube absolument dépourvu d'éléments contractiles.

B. *Des glandes accessoires de l'intestin.* — La seule glande annexée dans les Lingules au tube digestif, est un foie énorme divisé en plusieurs grandes masses. Il est constitué comme celui des Térébratules ; mais les cœcums glandulaires y sont plus gros et rassemblés en groupes plus massifs ; ces groupes sont au nombre de quatre, l'un d'eux est situé au-dessus, les trois autres au-dessous du tube digestif. Leurs canaux excréteurs s'ouvrent tous dans la dilatation stomacale, celui du groupe supérieur dans la partie antérieure de cette dilatation, en arrière des muscles préadducteur (Fig. 18. — F *à gauche*) ; celui du premier groupe inférieur, dans cette même partie antérieure, mais

qu'au centre de chacune de ces étoiles, existait une sorte de bouche. La tige intermédiaire présentait, en outre, un canal intérieur et établissait entre elles une libre communication. L'absence d'organes intérieurs distincts me fait penser que cette forme est transitoire, et que l'être qui la présente n'était point arrivé à son état parfait. Je crois, néanmoins, devoir le signaler, pour appeler, sur une forme si singulière, l'attention des naturalistes, et à cause de cela, je proposerais de lui donner le nom de ACTINEMA PARADOXA.

Ses dimensions sont très-petites. Les rayons avaient, en moyenne, $0^{mm},163$ de longueur sur $0^{mm},014$ de large. (Fig. 20.)

S'agit-il ici d'une larve ou d'un animal parfait ? J'incline ainsi que je viens de le dire, pour la première opinion. Quoi qu'il en soit, je conserve la pièce originale pour être à même de la soumettre à l'examen des Helminthologistes que cette question encore très-obscure pourrait intéresser sur sa paroi opposée (Fig. 21, A.); enfin les deux autres, au-dessous de l'estomac, dans sa partie postérieure, par deux larges conduits à peu près symétriques, bien que le droit soit beaucoup plus large que le gauche. (Fig, 21, C. D.)

Le groupe supérieur est ramassé et pyramidal à ses deux extrémités. Il est compris entre les deux muscles *antéro-postérieurs internes*. Le premier groupe inférieur, le plus petit de tous, est formé d'éléments plus déliés. Il est compris dans une sorte de capsule située entre les deux muscles préadducteurs au-devant du ligament diaphragmatique et du muscle transverse; il offre une trace marquée de division médiane (Fig. 19, C.). Quant aux grands lobes inférieurs ils forment au-dessous de l'intestin une grosse masse triangulaire qui frappe au premier abord les yeux. (Fig. 19, D.)

Ni Cuvier ni Vogt n'ont connu la véritable signification de ces glandes. « Tout l'intervalle restant entre les muscles et autour de l'intestin est compris, » dit Cuvier, « par deux sortes de substances glanduleuses; l'une, d'un « vert blanchâtre, du moins chez les individus qui ont « macéré longtemps dans l'esprit-de-vin, forme une « masse ronde assez compacte de chaque côté de l'œso- « phage. Elle nous a paru communiquer avec lui par de « petits canaux, et nous croyons, sans oser l'affirmer, « qu'elle tient lieu de glandes salivaires (1). L'autre « substance glanduleuse se divise en beaucoup de lobes « et de lobules qui forment comme des grappes; elle « entoure la première et remplit tous les intervalles des

(1) J'ai déjà donné les raisons pour lesquelles aucune glande salivaire ne peut exister chez les Brachiopodes. (*Mémoire sur la Térébratule australe. Journal de Conchyliologie*, 1857.)

« muscles, du cœur et de l'intestin ; sa couleur est un
« jaune orangé ; beaucoup de vaisseaux sanguins la par-
« courent, et quoique nous n'ayons pas vu ses vaisseaux
« excréteurs, nous ne doutons pas que ce ne soit le
« foie (1). »

Ce que Cuvier prend ici pour un foie, n'est autre chose
que l'ovaire.

M. Vogt n'a pas été beaucoup plus heureux dans ses
déterminations. Il désigne sous le nom de *glandes
moyennes*, tous les grands lobes hépatiques, dont il décrit
d'ailleurs assez bien les relations avec l'intestin, mais il
considère, ainsi que Cuvier, les glandes génitales comme
un foie. La détermination de ces différents appareils est
essentiellement due aux beaux travaux des anatomistes
anglais.

§ 7. Des Glandes génitales.

A. M. Huxley a, le premier, connu les relations qu'ont
les glandes génitales avec les ligaments mésentériques ;
M. Hancock a vérifié et étendu les curieuses observations
de ce savant anatomiste. Je vais essayer, après eux, de
décrire la disposition générale de ces glandes.

Elles se présentent, dans la plupart des cas, chez les
Lingules, sous forme de grandes masses blanchâtres ou
orangées très-friables, qui remplissent tous les interstices
des organes abdominaux. Ce n'est pas dans cet état de développement avancé qu'on peut se faire une idée exacte de
leur disposition typique. On rencontre, heureusement,
certains individus où elles présentent un développement
moindre et, par conséquent, il est alors plus facile de se
faire une idée juste de leur groupement originel. Elles se

(1) *Mémoire sur la Lingule*, p. 7.

présentent alors sous la forme de longues chaînes de petits lobes veloutés, distincts les uns des autres et attachés
à toute la longueur du bord du mésentère entéro-car-
diaque ; leur surface est finement vermicellée. J'ai essayé
de représenter cette disposition dans la figure 21. Ces plis
ont pour éléments de petits lobules simples microscopiques.

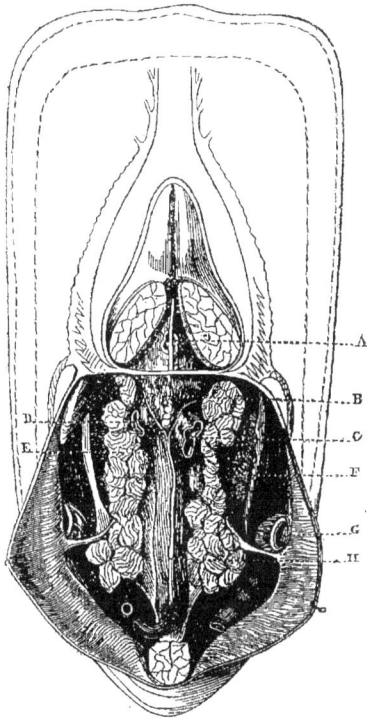

Fig. 21.

EXPLICATION DE LA FIGURE 21.

A. partie antérieure de l'ampoule gastrique. — B. Cœur accessoire. — C. D. troncs des grands lobes hépatiques. — E. Chaine
de glandes génitales attachées au bord antérieur du mésentère.
— F. Portion de cette chaîne se prolongeant sur le limbe cardiaque. — G. Oreillette. — H. Partie médiane de l'intestin.

Du côté gauche, les lobes s'attachaient au bord antérieur du triangle mésentérique, se continuaient sur sa partie réfléchie, et de là leur série se prolongeait dans toute l'étendue du limbe cardiaque F. Les choses se passent de même sur le côté opposé dans la plupart des Lingules ; mais dans l'individu qui nous a servi de modèle, cette partie de la chaîne qui s'attache au limbe cardiaque, manquait du côté droit. Ce cas est exceptionnel ; normalement, la disposition est la même symétriquement, du côté gauche et du côté droit.

Sur quelques individus aux glandes génitales peu développées, et encore parfaitement blanches, le *stroma* était imbibé d'un fluide gélatineux, tout rempli de petits granules ; et, sur quelques autres, je rencontrais le même fluide accumulé dans la cavité viscérale en grandes masses blanchâtres et d'aspect gélatineux. Je ne pus m'empêcher de considérer ces masses gélatineuses comme des accumulations de sperme coagulé, et, en conséquence, je désignai sous le nom de *Mâles* les individus qui me présentèrent cette même matière imbibant encore le stroma des glandes génitales.

Chez quelques autres individus les glandes génitales étaient toutes pénétrées d'œufs très-murs ; au lieu des

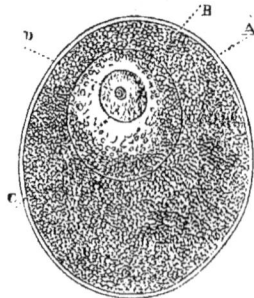

Fig. 22.

grandes masses gélatineuses que j'avais observées chez les premiers, je trouvais de grandes accumulations d'une matière orangée et en certains lieux brunâtre, que composaient deux formes différentes d'éléments très-singuliers ; je pris d'abord ces individus pour des Femelles, et je partageai à ce moment les opinions de M. Owen, qui croit à la *dioïcité* des Lingules. Les œufs que je rencontrais dans les glandes offraient les formes les mieux définies. On y reconnaissait, au premier abord, une enveloppe vitelline, très-mince (Fig. 22, A.), enfermant : 1° un vitellus abondant, mais profondément modifié par l'action de l'alcool ; 2° une vésicule de Purkinje grande et transparente (Fig. 22, B.) ; 3° un nucléole très-apparent (C.), et vers la surface de celui-ci un petit corps transparent en forme de *cupule* (D.) dont les contours sont si nettement définis, qu'au premier abord ils m'avaient paru indiquer la présence d'une sorte de *micropyle*. Tels étaient les œufs. Leur diamètre moyen égalait $0^{mm},120$; leur grandeur, au surplus, était très-variable. Chez quelques individus le stroma de l'ovaire en était tout pénétré.

Les masses orangées qui étaient, en quelque sorte, épanchées dans la cavité viscérale de ces derniers individus, me parurent, ainsi que je l'ai dit plus haut, constamment composées de deux sortes de corps ; les uns,

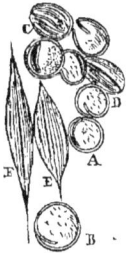

semblables à des capsules transparentes, présentaient, sur l'un de leurs côtés, une fente linéaire (Fig. 23, A. B. C.) et sauf le volume, ils me rappelaient les petites cupules que j'avais observées dans les œufs. Leur diamètre moyen égalait $0^{mm},020$; quelques capsules dépassaient ces dimensions ; et tandis que les précédentes présentaient une

Fig. 23.

figure sphérique, celles-ci étaient manifestement allongées en forme d'ellipsoïdes. Ces capsules, plus ou moins allongées (Fig. 23, D.), me parurent établir un passage évident entre la forme des premiers corps et celle des seconds.

Ceux-ci (Fig. 23, E. F.) étaient terminées en pointe aiguë à leurs deux extrémités et résultaient de la juxta position de deux valves fusiformes, finement striées dans leur longueur; ils étaient de grandeur très-inégale; quelques-uns mesuraient $0^{mm},100$ de longueur, sur $0^{mm},020$ de largeur.

J'en observai de beaucoup plus grands.

Dans les parties les plus brunes des masses orangées, je rencontrai souvent de grandes lames foncées de matière cornée, mais si délicates et si fortement enchevêtrées qu'il me fut toujours impossible de me faire une idée exacte de leur forme réelle.

Je n'osai décider, en conséquence, si ce résultat venait d'un développement plus avancé des corps de la deuxième espèce.

Les capsules et les corps fusiformes ne se répandaient pas seulement dans la cavité viscérale; ils s'engageaient dans les grands sinus du manteau et plus particulièrement dans leurs dilatations marsupiales; ils passaient, en outre, dans la cavité du pédoncule et s'accumulaient dans l'ampoule qui la termine; enfin, certains sinus ramifiés symétriquement dans l'épaisseur de cette partie de la paroi viscérale qui tapisse la partie postérieure des aires rhomboïdes des valves, en étaient tous pénétrés et semblaient injectés par une matière granuleuse de couleur orangée (1).

(1) J'ai rencontré plusieurs fois, mêlés aux capsules et aux corps fusi-

Je dois dire, immédiatement, à quelle hypothèse je m'arrêtai ; je supposai que ces corps sphériques ou fusiformes étaient des valves rudimentaires d'embryons plus ou moins avancés dans leur développement. Il fallut bien admettre alors, avec M. Owen, que les œufs tombent dans les sinus viscéraux et s'y développent ; quoi qu'il en soit, je désignai sous le nom de femelles les individus qui me les présentaient.

Les faits ne me permirent cependant pas de conserver longtemps cette croyance à la *dioïcité* des Lingules. Chez quelques individus, en effet, je trouvai à la fois des ovaires blancs contenant des ovules naissants, de grandes masses de sperme gélatineux dans la cavité viscérale, et des tractus d'embryons orangés dans les sinus ramifiés des lames viscérales du manteau. Ces faits me conduisirent à penser que chez ces individus une période d'activité mâle avait séparé, pour ainsi dire, deux périodes d'activité femelle dont l'une, représentée par les embryons orangés du manteau, avait encore laissé quelques traces, tandis que l'autre, à peine commençante, était manifestée par les petits ovules disséminés dans le *stroma* de l'ovaire ; certains faits vinrent confirmer ces premières déterminations ; chez d'autres individus, en effet, où de grandes

Fig. 24.

formes accumulés dans les sinus du manteau, des utricules allongées et pleines de glandes cellulleuses (Fig. 24).

Je ne crois pas que ces corps aient aucun rapport avec la génération des Lingules, et j'y verrais plutôt des sporocystes de Cercaires parasites. En les signalant ici, j'ai eu uniquement pour but de ne rien passer sous silence, de peur de négliger mal à propos des faits dont je ne puis, quant à présent, déterminer l'importance absolue.

masses orangées accumulées dans la cavité viscérales té-
moignaient d'une émission d'œufs déjà ancienne, les
glandes génitales ne présentaient aucunes traces d'ovules,
et se trouvaient pénétrées de cette matière gélatineuse
remplie de fins granules, dont j'ai parlé, c'est-à-dire, à
mon sens, de fluide zoospermique.

J'arrivai donc naturellement à cette conclusion :

1° Que les Lingules sont hermaphrodites ;

2° Que leur hermaphrodisme n'est point simultané
mais successif. L'animal serait mâle d'abord ; il remplirait
de fluide fécondant sa cavité viscérale et l'y tiendrait en
réserve pour féconder les œufs qu'il secréterait ensuite.
Je ne puis m'empêcher de faire remarquer l'extrême analogie de ces résultats avec ceux qu'a obtenus M. Davaine
dans ses belles recherches sur la génération des huîtres.

B. Ainsi, selon mes recherches et mes interprétations,
les Lingules sont hermaphrodites. M. Hancock est arrivé
de son côté aux mêmes conclusions, mais d'après des vues
et des déterminations absolument différentes ; je vais essayer de résumer ici ses opinions et de les discuter.

Les propositions de M. Hancock, comparées à celles
que j'avais acceptées, peuvent se réduire à trois :

1° Les corps que nous avons appelés glandes génitales
et que nous comparons à l'organe en grappe de certains
Mollusques, sont pour lui des ovaires *exclusivement* ;

2° Les testicules, selon M. Hancock, sont complète-
ment séparés des ovaires, et il désigne comme tels les
sinus symétriques ramifiés qui occupent les lames viscérales du manteau (1) ;

(1) M. Hancock les décrit ainsi :

« Ils se présentent, dit il, sous forme d'un organe dendritique ou ra-
· mifié qui s'étend sur la surface externe des masses ovariennes ; sur les

3° Les capsules et les corps fusiformes sont, pour M. Hancock, des spermatophores émanés des testicules, et il croit avoir nettement reconnu dans leur intérieur de véritables zoospermes.

La première proposition est vraie en partie. Les glandes génitales sont incontestablement des ovaires ; mais, selon nous, elles sont aussi des testicules.

La seconde proposition m'a semblé n'être appuyée que sur la présence, dans les sinus ramifiés des lames viscérales du manteau, de capsules et de corps fusiformes ; mais des capsules et des corps semblables se retrouvent dans la cavité viscérale, dans les sinus pectiniformes des valves du manteau ; que dis-je ? dans l'ampoule marsupiale qui détermine le pédoncule ; ils s'y trouvent ni plus ni moins développés que dans ces sinus ramifiés. Faudrait-il, à cause de cela, les déterminer aussi comme des

« ovaires dorsaux, les branches forment, d'arrière en avant, deux divisions « latérales; sur les ovaires ventraux on en distingue trois, une médiane et « deux latérales. Ces branches sont très-irrégulières et leur épaisseur ne « diminue pas à leur extrémité. Si l'on soulève la membrane transpa- « rente qui forme les parois de la chambre périviscérale, les organes « dentritiques se détachent avec elle, et je fus d'abord conduit à penser « qu'ils étaient réellement en connexion avec cette membrane ; mais des « observations ultérieures m'ont conduit à cette conclusion, qu'ils font « réellement partie de la glande génitale, et que cette adhérence est acci- « dentelle et résulte de la pression que les valves exercent pendant leur « occlusion. Hancock. (*Loco cit.*) page 819. »

Cette description est à peu près exacte, mais on peut ajouter que les sinus ramifiés se prolongent bien au delà des glandes génitales sur la surface même des lobes hépatiques. Une des branches, entre autres, s'avance le long de l'attache du muscle croisé correspondant jusqu'à la base du tronc des grands sinus palléaux. Quand les éléments contenus sont peu abondants, on peut aisément constater qu'ils sont bien compris, en effet, dans l'épaisseur des parois de la chambre *périviscérale* et qu'ils n'ont aucun rapport originel avec les glandes génitales, qu'ils ne touchent même pas, sinon quand celles-ci ont acquis un développement considérable.

testicules? Je ne le pense nullement; cependant cette détermination serait, ce me semble, tout aussi plausible que celle que propose M. Hancock.

Enfin, je ne laisserai pas passer sans objection la troisième proposition; les corps fusiformes sont-ils réellement des spermatophores? Mes doutes sont grands sur ce point; voici sur quelles raisons ces doutes sont fondés :

1° Les spermatophores, d'une manière générale et considérés en eux-mêmes, sont des tubes, des bourses, ou si l'on veut, des étuis protecteurs, où dans certaines circonstances, les zoospermes sont inclus, pour parvenir plus sûrement à leur destination. Jamais ils ne s'engendrent dans le testicule lui-même; mais dans certains appareils annexés à ses conduits excréteurs. Or, dans la Lingule, aucun appareil de ce genre n'existe; ainsi, les spermatophores seraient dans l'hypothèse que défend M. Hancock, engendrés dans le testicule lui-même (1). Un fait semblable serait pour le moins fort extraordinaire.

2° La couleur orangée ne caractérise que les accumulations les plus mûres de capsules et de corps fusiformes. Or, cette couleur est le plus souvent celle de ceux de ces corps qui sont accumulés dans les sinus ramifiés que M. Hancock appelle testicules. Il serait certainement singulier de les trouver mûrs, dès leur point de départ.

3° Les spermatophores, quant à leur raison d'être, supposent un accouplement, ou du moins un rapprochement de deux individus; le rôle essentiel de ces machines accessoires est de transporter, sans accidents, l'élément fécondant d'un individu sur un autre, pour l'y concentrer

(1) Hancock, *Mém. cit.* p. 819.

en quelque sorte ; or, évidemment les Lingules ne s'ac-
couplent pas ; elles ne se recherchent pas, il est même
probable que chaque individu se féconde par lui-même,
et tout au plus pourrait-on admettre qu'elles disséminent
dans le liquide ambiant les éléments fécondateurs ; s'il en
est ainsi, de quel usage pourrait être un spermatophore ?
Qui le transporterait ? Un hectocotyle ? Mais la nature
semble n'avoir réalisé ce miracle que dans quelques genres
de Céphalopodes.

4° Il y a une autre raison qui augmente encore mes
doutes. Les corps fusiformes, dans les amas qu'ils constituent, sont plus ou moins développés ; en se développant,
ils subissent incontestablement des changements de forme ;
ces faits me semblent peu favorables à l'interprétation de
M. Hancock. Des spermatophores, une fois constitués, ne
sont plus capables de s'accroître. Leur forme est acquise
une fois pour toutes ; supposer en eux des métamorpho-
ses, serait leur accorder une vie propre, dont il ne paraît
pas, qu'en aucun cas, leurs enveloppes soient douées (1).

5° La cavité viscérale est souvent remplie d'un fluide
blanchâtre, gélatineux, plein de petits granules où
n'existe aucune trace d'œufs ou d'embryons. Ce fluide

(1) Si nous considérions cette expression *spermatophore* dans sa géné-
ralité philosophique, la détermination que le professeur Costa avait
donnée de l'hectocotyle de l'Argonaute, serait aisément justifiée. L'hectocotyle est un véritable spermatophore ; mais c'est un spermatophore vivant, et ce cas est si en dehors des règles ordinaires, que ce spermatophore n'est pas emprunté à quelque produit des organes génitaux, mais à
l'enveloppe même de l'animal ; que dis-je ? C'est un bras entier de l'Argonaute mâle ou du Tremoctopus, qui se détache vivant pour servir en
quelque sorte de Demiourgos ou d'Ἄγγελος fécondateur, prodige inouï,
plus étonnant cent fois que la *floraison* médusaire des *Zoophytes* hydraires,
et dont la découverte attachera une juste et immortelle gloire au nom de
Vérany.

s'engendre, non dans les tubes appelés testicules par Hancock, mais dans les glandes même où se développent aussi les œufs. Or, c'est là, à mon sens, le véritable sperme. Lui seul en présente réellement les caractères.

6° Je fais enfin, à la manière de voir de M. Hancock, une dernière objection. Si les stries que présentent les corps fusiformes étaient réellement des zoospermes contenus dans leur intérieur, les alcalis et, entre autres, l'ammoniaque liquide les dissoudraient aisément ; cependant il n'en est pas ainsi ; ces stries persistent, autant que les corps fusiformes eux-mêmes, et j'ai acquis la conviction qu'elles résultaient d'une disposition inhérente aux parois même de ces corps. Ces diverses raisons m'ont confirmé, je ne dirai pas, dans ma première manière de voir, mais dans mes doutes sur la certitude de l'interprétation donnée par Hancock. Toutefois, il faut être juste avant tout ; pour l'être, je dois critiquer mes propres opinions avec la même indépendance.

Une objection très grave peut être adressée à ma manière de voir.

1° Si les corps fusiformes sont des valves embryonnaires ; s'ils résultent d'une métamorphose des petites cupules diaphanes que nous avons signalées dans l'œuf ; s'ils contiennent, en effet, tout l'embryon, comment tirent-ils, leur origine d'œufs beaucoup plus volumineux qu'eux (comparer les mesures précédentes).

2° Si le fluide gélatineux qu'on trouve épanché en grandes masses dans la cavité viscérale était réellement séminal, parmi les granules qui le composent on devrait, probablement, malgré l'action de l'alcool, trouver des zoospermes altérés, il est vrai, mais reconnaissables encore à quelque prolongement caudal, ce que j'avoue n'avoir jamais observé avec une entière certitude.

J'avouerai franchement que je ne pourrais, en ce moment, répondre suffisamment à ces objections, surtout à
la première ; quoi qu'il en soit, le fluide gélatineux existe ;
quel est son rôle ? Les capsules et les corps fusiformes
existent aussi ; mais pour quel usage ? où sont-ils en premier lieu sécrétés ? Toutes ces questions, hâtons-nous de
le dire, ne seront résolues avec certitude que par des
observations faites sur des animaux vivants. Malheureusement les Lingules n'habitent pas nos mers, et *non licet
omnibus adire Corinthum.*

C. Il me reste à résoudre une dernière question : par
où les œufs ou les embryons, quels qu'ils soient, sont-ils
émis ? Je réponds immédiatement avec M. Owen : par des
déhiscences spontanées des parois des sinus.

M. Hancock cependant professe une autre opinion.
Suivant lui, les œufs sont émis par des oviductes, et ces
oviductes sont les organes que Cuvier, Vogt et Owen
avaient considérés comme des cœurs.

M. Huxley avait émis, le premier, des doutes sur ces
cœurs ; et ces doutes furent immédiatement acceptés par
M. Hancock. Ce savant a cru voir les orifices par où ces
organes s'ouvriraient à l'extérieur ; en outre, il a vu, dit-
il, mais très-rarement, quelques œufs engagés dans leur
intérieur. D'ailleurs, ajoute ce célèbre anatomiste de
concert avec M. Huxley, ces prétendus cœurs n'ont aucune communication avec le système artériel.

Plusieurs objections peuvent être adressées à cette détermination inattendue.

Et d'abord, peut-on considérer ces organes comme des
oviductes ? Leur complication singulière, leur forme ex-
ceptionnelle, et surtout leur complète séparation d'avec

les glandes génitales, éloigneraient les Brachiopodes de tous les animaux invertébrés ; dans tous les insectes, dans tous les mollusques, dans tous les crustacés, les oviductes sont en continuation directe avec les *cœcums* génitaux. Les Brachiopodes formeraient une exception unique à cette règle, où, si l'on veut, à cette habitude de la nature.

Il serait peut-être plus légitime de considérer ces cœurs comme les reins de ces animaux, ainsi que l'a fait M. Huxley; leur couleur, les plis intérieurs qu'ils présentent, leur donnent, en effet, quelque chose de la physionomie des *organes de* BOJANUS, mais leurs parois ne sont point vasculaires ; ils s'ouvrent en outre très-largement dans la cavité abdominale, et, par ce seul fait, l'hypothèse que, nous indiquons ici est immédiatement renversée.

Nos organes problématiques ne sont par conséquent ni des oviductes ni des reins. Les ouvertures extérieures qu'on leur attribue sont loin d'être prouvées, et si elles existaient, elles me paraîtraient devoir représenter plutôt des pores absorbants dont mes observations ne me permettent pas d'admettre l'existence. Enfin, d'exclusions en exclusions, à quel parti nous arrêterons-nous ? Notre détermination serait facile, si de ces organes il naissait directement des artères; or, je démontrerai dans un instant qu'il en est véritablement ainsi.

L'opinion ancienne que les embryons s'échappent par des déhiscences des parois des sinus et des bourses marsupiales, me paraît donc à peu près certaine. Si l'on pousse une injection d'eau par le pédoncule, elle pénètre dans la cavité du corps et de là dans les sinus du manteau, et si alors il se fait sur leurs parois quelque déchirure, c'est toujours sur les points où il y a quelque grande accumulation de corps fusiformes murs et orangés. Ces points pré-

sentaient donc une moindre résistance et indiquaient le
lieu où se fut plus tard établie la déhiscence naturelle.
C'est d'ailleurs le seul mode d'émission qu'on puisse admettre pour les corps qui s'engagent dans la cavité du
pédoncule ; mais ces corps sont-ils réellement des embryons ? J'ai dit que j'inclinais à le croire : toutefois je
n'énonce cette manière de voir qu'avec les réserves com-
mandées en l'absence d'observations directes faites sur des
Lingules vivantes.

§ 8. — DU SYSTÈME VASCULAIRE. (PL. VII.)

A. La question de la circulation du sang dans les Brachiopodes est, à son tour, enveloppée d'une obscurité si
grande, que je crois devoir, avant d'exposer mes opinions
propres, entrer en détail dans l'histoire des découvertes
et des hypothèses qui ont été successivement proposées.

Georges Cuvier a le premier signalé l'existence de deux
cœurs dans la Lingule, mais il n'en a connu que la partie
ventriculaire.

« Les cœurs, « dit-il, « occupent les deux côtés du
« corps sur la racine de chacun des vaisseaux qui forment
« le V des branchies. Ces corps sont très-comprimés
« et d'une figure demi-elliptique. Leur grandeur est
« assez considérable à proportion du reste du corps.
« En les ouvrant, on y remarque des rides ou des co-
« lonnes charnues, dont la direction est longitudinale, et
« cette face interne est teinte d'un violet noirâtre. Un
« gros vaisseau communique des deux branchies d'un
« côté dans le cœur correspondant ; et quoique nous
« n'ayons pu bien reconnaître les valvules, *l'analogie des*
« *autres Mollusques ne nous laisse pas douter que le sang*

« n'aille de la branchie *dans le cœur...* C'est dans le foie
« que se distribuent d'abord les principales branches qui
« sortent des cœurs » (1).

M. Owen, dans son premier Mémoire, accepta sans les
critiquer, les opinions de Cuvier. Après avoir décrit les
sinus principaux du manteau, ce célèbre anatomiste
ajoute :

« Leur volume montre, de prime abord qu'ils ne sont
« pas destinés uniquement à contenir le sang qui a servi
« à nourrir le manteau ; près de la masse viscérale, les
« quatre vaisseaux du lobe perforé du manteau, se réu-
« nissent pour former deux troncs qui passent en dehors
« des disques musculaires, et, s'étant joints à ceux du
« côté opposé, *pénètrent dans les deux cœurs ou sinus*
« *dilatés* qui sont situés en dehors du foie, et qui dans la
« T. *chilensis* et la T. *Sowerbii* se trouvent immédiate-
« ment entre les bases de l'anse calcaire interne. A l'aide
« du microscope on distingue beaucoup de petits vais-
« seaux qui correspondent aux veines branchiales et
« qui paraissent être les artères branchiales ; ils mar-
« chent parallèlement à la veine branchiale médiane, et
« se terminent dans le bord palléal d'où naissent les
« veines. »

Ainsi, comme Cuvier, M. Owen admettait que les sinus palléaux s'ouvraient dans les cœurs ; il ne faisait aucune mention des oreillettes, et le cœur n'était évidemment pour lui qu'une poche contractile simple.

La découverte des oreillettes des cœurs des Brachiopodes, est incontestablement due à M. Vogt ; il a figuré,
et surtout parfaitement décrit, le petit sac plissé qui, dans

(1) *Mémoire sur la Lingule.*

chaque cœur, constitue l'oreillette. Il découvrit en outre,
avec une sagacité et un bonheur singuliers, les rameaux
artériels qui correspondent aux sinus palléaux des Lingules. « En examinant avec soin les vaisseaux du man-
« teau, » dit M. Vogt, « on voit aisément que de même
« que les vaisseaux des serpents sont enveloppés d'un
« tronc lymphatique, ils sont entourés d'un espace clair
« qui se prolonge autour des plus petites ramifications
« vasculaires, et représente un véritable canal dans le-
« quel les vaisseaux sont concentriquement inclus ; » cependant M. Vogt ne formule aucune conclusion précise,
et il ajoute :

« Les difficultés qu'on éprouve dans les recherches
« relatives à la circulation des Gastéropodes et des
« Acephales lamellibranches, à l'état frais, me serviront
« d'excuse, si je n'ai pu obtenir de résultats précis sur
« un exemplaire conservé et durci depuis plus d'un an
« dans l'alcool (1). »

Depuis la publication du travail de M. Vogt, M. Owen (2)
vérifia dans les térébratulidés, le fait de l'existence d'une
oreillette et indiqua les faits principaux qui déterminent
le véritable sens de la circulation dans les Brachiopodes.
Il décrivit en outre, de la manière la plus heureuse, les
rapports des ouvertures auriculaires avec les grands sinus
du corps ; enfin, il est revenu sur ce point dans son dernier travail « *On the anatomy of the Terebratula* (3) » où
il a accompagné ses descriptions de figures d'une rare élégance.

Tel était l'état de la science, lorsque, en 1852, je fis mes

(1) Vogt. *Loc. cit.*
(2) Lettre à M. Milne-Edwards.
(3) Introduction aux *Bristish Fossil Brachiopoda*, de M. Th. Davidson.

recherches sur la circulation de la T. *australis*; je fus conduit aux mêmes conséquences que MM. Vogt et Owen, et j'indiquai succinctement les résultats que j'avais obtenus, dans un Mémoire lu en 1853 à l'Académie des sciences, mais qui n'a été publié qu'en 1857. Dans cet intervalle de temps, un célèbre naturaliste anglais, M. Huxley, s'appuyant sur ses observations et sur celles de M. Hancock, mit en doute tous les faits admis jusqu'à lui. Les organes qu'on avait auparavant pris pour des cœurs, ne donnent, dit-il, la naissance à aucune artère, et peut-être se rattachent-ils, non à *l'appareil vasculaire*, mais à *l'appareil génital* (1).

Les objections opposées par M. Huxley aux déterminations anciennes étant fondées sur des observations faites avec un soin admirable, méritent à coup sûr la plus grande attention; et bien que nous n'en acceptions point absolument les conclusions, nous devons reconnaître hautement que ses recherches ont fait faire un grand pas à l'anatomie des Brachiopodes; on lui doit non-seulement les premières observations sur la constitution des ligaments mésentériques ou épiploïques, mais encore c'est incontestablement à ses recherches que nous devons la connaissance de certaines vésicules attachées soit à l'intestin, soit à la base des organes génitaux, et dont le rôle a été récemment reconnu par M. Hancock; enfin, il a fait connaître un système fort compliqué de lacunes et de réseaux vasculaires qui occupent l'épaisseur des mésentères et des parois du corps, et offrent surtout un développement re-

(1) *Contributions to the anatomy of the Brachiopoda*, by Thomas H. Huxley. F. R. S.. in *Proceedings of the R. S.* Vol. VII, n° 5, p. 106—15. Juin 1854.

marquable dans le tissu des bras et de la **membrane** interbrachiale.

Ces premières données ont été singulièrement développées dans le magnifique travail que M. Hancock vient
de donner au public sur l'organisation des Brachiopodes;
appuyé sur un vaste ensemble de recherches, M. Hancock
affirme ce que supposait seulement M. Huxley. Les organes appelés cœurs sont définis par lui comme des oviductes, il affirme qu'ils s'ouvrent à l'extérieur de l'animal
et n'ont aucune communication avec le système vasculaire ; le centre réel de la circulation des Brachiopodes,
leur véritable cœur, est, suivant lui, cette vésicule que
M. Huxley a le premier signalée; ce cœur en avant reçoit
une veine (veine branchio-systémique) ; de ses côtés,
ou de sa partie postérieure sortent des troncs artériels qui
se répandent dans les ligaments compliqués qui lient l'intestin aux parois du corps et au système génital, et dans
les térébratulidés pénètrent avec les organes de la génération dans les grands sinus du manteau ; dans ce cas, à la
base des artères existent presque toujours de petites po-
ches contractiles, qu'il qualifie avec raison de cœurs accessoires. Quant aux veines du corps, il ne m'a pas semblé insister sur elles d'une manière suffisante, pour que je
puisse me flatter d'avoir bien saisi son opinion réelle sur
leur disposition.

On doit à M. Hancock, hâtons-nous de le reconnaître,
d'avoir fait faire un immense pas à la connaissance du
système artériel des Brachiopodes. C'est à lui surtout
qu'on doit la connaissance de leurs cœurs accessoires;
j'ai vérifié sur ce point, dans la Lingule, l'extrême justesse de ses observations, mais si j'en accepte à cet égard
le résultat, j'avoue ne pouvoir recevoir de même la déter-

mination nouvelle qu'il donne des organes appelés cœurs par Cuvier d'abord, ensuite par MM. Vogt et Owen ; *à priori* l'analogie la repousse, ainsi que je l'ai dit plus haut ; *à posteriori*, l'observation démontre, à mon sens, la justesse de l'opinion qu'il a essayé de renverser.

Les cœurs sont situés sur les côtés du corps, au-dessous des muscles croisés qu'il faut enlever fibre à fibre pour en bien découvrir les véritables rapports. Chacun d'eux se compose : 1° d'une partie fusiforme d'un jaune orangé foncé, qui est intimement unie aux prolongements cardiaques du mésentère, entre les feuillets desquels elle est comprise. C'est à cette partie qu'on a donné le nom de ventricule. Son axe est, pour les deux cœurs, à peu près parallèle au plan médian du corps eu égard auquel ils sont très-symétriquement disposés ; son extrémité antérieure s'atténue en se dirigeant vers la base des grands sinus des lobes du manteau. La postérieure, au contraire, se termine au niveau de l'extrémité postérieure des muscles obliques antéro-postérieurs, par une sorte d'étranglement brusque qui la sépare de la partie auriculaire.

C'est aux belles recherches de M. Vogt qu'on doit la connaissance de ces curieuses oreillettes. Elles se distinguent immédiatement des ventricules par leur couleur d'un blanc velouté. Leur forme est celle d'une bourse élégamment plissée dont les plis, très-régulièrement disposés, se terminent en se bifurquant sur une sorte d'ourlet marginal qui borde l'ouverture basilaire de l'oreillette ; car, chose remarquable, cette oreillette fixée d'un côté, avec la pointe du triangle mésentérique, à la paroi latérale du corps, s'ouvre béante dans le grand sinus viscéral, et par cette ouverture on aperçoit aisément ses plis intérieurs.

L'axe de l'oreillette n'est point la continuation directe

de celui du ventricule avec lequel il forme un angle droit
en se portant en dehors ; en d'autres termes, elle forme un
coude avec lui, pour s'ouvrir en bas et sur les côtés, en
appliquant, pour ainsi dire, ses lèvres marginales à la
paroi intérieure du corps. Le sommet de ce coude est fort
important à considérer ; il repose en quelque sorte sur
l'anse que forme la portion réfléchie du mésentère.
(Fig. 21, G. et Pl. VII, C').

Une des objections les plus sérieuses que M. Huxley ait
faites à la nature cardiaque de ces organes, est le défaut
de fibres musculaires apparentes dans leurs molles parois ;
elles paraissent en effet formées presque exclusivement de
granules fins colorés transparents, qui réfractent la lumière, à la manière de gouttelettes huileuses ; mais un
examen plus attentif y fait découvrir en outre l'existence
d'une grande quantité de fibres plasmatiques pâles, dont
la contractilité me paraît certaine ; elles ont, en effet, l'apparence complète de la substance sarcodique ; c'est là,
d'ailleurs, une question qu'on pourra résoudre aisément
par l'observation directe sur les animaux vivants.

M. Huxley a remarqué, il est vrai, que les muscles des
Brachiopodes offraient une grande résistance, tandis que
rien n'égale la mollesse pultacée de ces cœurs chez l'animal mort. Cette remarque est parfaitement exacte. Mais
je ferai observer que les muscles extérieurs sont seuls robustes et résistants dans les Brachiopodes. Les muscles
viscéraux présentent, au contraire, une mollesse que je ne
puis comparer qu'à celle des polypes hydraires, et ce
n'est pas un des moindres obstacles que rencontre l'anatomiste qui veut pénétrer d'une manière approfondie dans
l'étude de la structure du système vasculaire.

M. Huxley a présenté une autre objection plus directe : « Aucune artère » dit-il « ne sort du sommet des cônes ventriculaires. » On ne peut accepter absolument cette proposition que pourraient seules démontrer des injections que je crois impraticables ; mais des ouvertures pourraient manquer au sommet du cœur et exister sur ses côtés et à sa base ; il n'est pas nécessaire, *à priori*, que d'un ventricule sorte un seul tronc distinct, partant d'un point déterminé ; les doutes naissent, à cet égard, de la difficulté même des recherches, car chez les Lingules, les artères sont plus déliées souvent et plus transparentes à leur origine que dans les lâches réseaux qu'elles forment ; on peut donc affirmer, dans certains cas, qu'on ne les a pas vues ; mais il ne serait pas également légitime d'assurer qu'elles n'existent point. Nos sens, en effet, sont imparfaits, nos moyens d'investigation grossiers, et la délicatesse des parties rend impossible ces expériences qui, le plus souvent, sont la seule ressource des anatomistes.

Ces doutes m'ont porté à multiplier mes observations, à redoubler de précautions et d'instances ; c'est à ces efforts que j'ai dû la découverte d'un fait bien simple qui me semble, cependant, résoudre la question ; il consiste dans l'existence de petits troncs artériels d'une extrême finesse qui partent dans l'épaisseur du mésentère du bord interne du cœur.

Le plus considérable de ces vaisseaux, celui qu'il est le plus facile de démontrer et d'apercevoir (1) part du som-

(1) Ce vaisseau part de l'intérieur même du cœur dont les parois colorées semblent s'entr'ouvrir pour lui livrer passage ; il est d'ailleurs très-transparent, ne se voit bien que sous certaines incidences de lumière, et il est facile de comprendre comment il a échappé jusqu'ici à d'excellents observateurs. J'ai fait tous mes efforts pour injecter l'ensemble de ces vaisseaux avec une liqueur colorée. Malheureusement tous mes efforts

met du coude que le ventricule forme avec l'oreillette, et se divise presque aussitôt en deux branches ; l'une remonte le long du ventricule, avec lequel elle communique par de petites anastomoses très-courtes et fournit des rameaux qui se portent aux glandes génitales suspendues au limbe mésentérique du cœur ; l'autre branche suit le bord antérieur du triangle mésentérique et s'y divise en un réseau lâche, dont les mailles, très-allongées, fournissent d'une part à l'intestin, de l'autre, aux glandes génitales et remonte sur les côtés de l'estomac, au delà du mésentère gastro-pariétal ; c'est probablement de ce réseau que dépendent les vaisseaux qui nourrissent les principaux lobes hépatiques.

Toutes ces artères sont très-faciles à voir dans la *Lingula anatina*. L'une d'elles s'anastomose en arrière des principaux troncs hépatiques avec une branche analogue du côté opposé, et de leur union résulte un tronc médian qui se porte au-dessous de l'estomac et se renfle en une petite vésicule médiane, dont le collet se prolonge en un vaisseau grêle qui se porte vers la bouche, où ses terminaisons échappent sans doute à cause de leur prodigieuse finesse. (Voy. Pl. VII, C′, *d, e, f.*)

M. Hancock a très-bien vu ces derniers faits ; mais j'avoue que je ne les interprète pas comme lui. Suivant cet habile anatomiste, la vésicule dont nous venons de parler est le *cœur central* des Lingules ; le vaisseau qu'émet son extrémité antérieure est, suivant lui, une veine qu'il nomme branchio-systémique ; quant à celui qui s'ouvre dans son extrémité postérieure, il serait le tronc commun de toutes les artères du corps. Je trouve, au contraire, leurs

ont été vains jusqu'ici. Il serait curieux d'examiner à cet égard, la *Lingula tumidula*, dont les formes sont trapues et dont les vaisseaux sont peut-être plus robustes que ceux de la *Lingula anatina*.

troncs originels dans les organes appelés cœurs par Cuvier, Vogt et Owen. La vésicule que M. Hancock appelle
cœur, et que je proposerais d'appeler *vésicule de Huxley*,
n'est rien autre chose, suivant moi, qu'un cœur accessoire ; quant à la veine *branchio-systémique*, c'est une
artère destinée aux parties qui entourent la bouche.

Les réseaux artériels de la peau du corps sont très-lâ-
ches, bien visibles au microscope ; mais leur finesse est
telle qu'il m'a été impossible de déterminer le lieu précis
de leur origine. Il en est de même de la plupart des artères musculaires ; M. Hancock décrit, il est vrai, comme
représentant des artères de ce genre, les filaments blancs
qui traversent l'abdomen et que M. Owen a appelés *nerfs*;
mais ces filaments n'ont rien de commun avec le système
artériel, et je démontrerai dans un instant, que ce sont
réellement des troncs nerveux, comme l'avaient admis,
avec beaucoup de raison, d'excellents anatomistes.

Les artères du manteau ont été découvertes et admira-
blement décrites par M. Vogt ; elles suivent le trajet des
sinus et sont, pour ainsi dire, creusées dans l'épaisseur
de leurs parois adhérentes ; elles en suivent exactement
la distribution, et se terminent, en définitive, dans les bords
du manteau ; ce sont indubitablement des artères ; j'ai pu,
en maintes circonstances, constater par des déchirures heu-
reuses, leur nature vasculaire ; j'en ai figuré la distribution, pl. VII, *g*. Quelle est l'origine de ces artères ? Rien
n'est plus difficile à décider ; il est infiniment probable,
cependant, qu'elles tirent leur origine de la partie antérieure du cœur.

Tel est, suivant mes recherches, le système artériel des
Lingules. Elles confirment, en partie, les faits observés
par M. Albany Hancock ; toutefois, je ne suis pas arrivé

aux mêmes conclusions physiologiques. Ces divergences ne surprendront pas les anatomistes, qui savent combien, en l'absence d'injections, le trajet du système vasculaire est difficile à déterminer ; si j'ai formulé une opinion différente de celle de M. Hancock, je n'ai point été poussé en cela par un vain désir de discussion ; les anatomistes jugeront si mes objections sont fondées, si mes opinions sont légitimes. Me suis-je trompé ? Je ne le pense pas. Au surplus, l'avenir en décidera, et d'où qu'elle vienne, je bénirai la vérité.

Je dirai maintenant ce que l'on sait du système artériel des bras. Cette question est fort obscure, et elle me semble loin d'être résolue.

M. Huxley, le premier, en a dit quelque chose. Je vais essayer de traduire ici ses propres paroles, afin d'éviter, autant que possible, de défigurer sa pensée.

« Dans les *Waldheimia*, dit-il, les parois membraneuses
« du corps, le ligament pariéto-intestinal et le manteau,
« présentent une structure tout à fait particulière ; ces
« parties sont formées de deux couches épithéliales,
« l'une profonde, l'autre superficielle, et de deux cou-
« ches fibreuses correspondantes, entre lesquelles se
« trouve un tissu réticulé qui occupe la plus grande par-
« tie de leur épaisseur, et dans lequel les nerfs et les
« grands sinus sont pour ainsi dire incorporés. »

« Les trabécules de ce tissu réticulé, enveloppent des
« granules et des corps en forme de cellules, et j'imagine
« qu'elles représentent d'abord un réseau fibro-cellulaire
« dont les interstices sont très-probablement des sinus ;
« ce tissu forme des gaînes qui sont surtout apparentes
« le long des nerfs, et en examinant avec attention les
« bras, j'ai reconnu que les tractus obliques qui ont

« donné lieu à cette opinion que ces organes sont en-
« tourés de faisceaux musculaires, résultent de l'exis-
« tence de trabécules semblables, qui se recourbent à
« partir d'un canal qui est à la base des cirrhes et qui
« n'est pas le grand canal des bras, recouvrent la con-
« vexité extérieure de ces organes, et se terminent en se
« divisant en une sorte de réseau. Ces trabécules, cepen-
« dant, ne sont pas solides, mais creuses et séparées par
« des intervalles pleins ; et le réseau qu'elles constituent
« est formé par des canalicules distincts. Ceux-ci s'u-
« nissent avec deux ou trois canaux étroits qui courent
« le long de la convexité des bras près de leur jonction
« avec la membrane interbrachiale, et paraissent com-
« muniquer avec un système semblable de canaux réticu-
« lés qui occupent l'épaisseur de cette membrane (1). »

Je crois avoir vérifié dans la Lingule l'observation de
M. Huxley. J'ai même réussi, ainsi que je l'ai dit plus
haut, à injecter les vaisseaux obliques qui se recourbent
dans les parois des bras, mais ces vaisseaux communiquent
avec les sinus du corps ; il me semble donc qu'on ne peut
les considérer comme des artères, et que ce sont réellement des veines capillaires. A priori cependant, un système artériel doit exister dans les bras, et fournir les ra-
muscules nourriciers et les réseaux afférents aux réseaux
de la lèvre et des cirrhes ; mais des recherches de cette
nature, en l'absence de toute injection praticable, sont
d'une si étrange difficulté, qu'il m'a été jusqu'à présent
impossible de découvrir avec certitude des vaisseaux artériels ; quant aux divergences d'opinions qui existent à
cet égard entre les différents observateurs, elles sont iné-

(1) Loc. cit.

vitables ; j'ajouterai même qu'elles sont jusqu'à un certain point utiles ; elles appellent, en effet, des observations nouvelles auxquelles est peut-être réservé l'honneur de résoudre ces questions aussi obscures qu'importantes.

Les canaux basilaires de la lèvre et des franges sont de véritables veines ; ils communiquent, en effet, avec la cavité du corps. Le petit réseau vasculaire de la lèvre antérieure est incontestablement de nature veineuse ; quant aux veines des lobes palléaux et du corps, elles sont représentées par les grands sinus du manteau, et leur centre commun est la cavité viscérale, dans l'intérieur de laquelle le cœur pompe le sang par son oreillette béante. Cette circulation est pareille à celle que j'ai décrite dans les Térébratules. Telle est du moins mon opinion actuelle, et je la crois de plus en plus probable. Quoi qu'il en soit, je suis prêt à l'abandonner si des découvertes ultérieures et une description précise résultant d'injections complètes, m'y obligent ; je garderai fidèlement la devise de mon illustre maître, H. de Blainville. « *Dies Diem docet.* »

§ 9. — REMARQUES SUR LES ORGANES RESPIRATOIRES DES LINGULES.

Cuvier et Vogt ont considéré comme représentant les branchies, les chevrons dessinés sur les lobes du manteau par la saillie des sinus marsupiaux. La justesse de cette opinion est pour le moins fort douteuse ; je ne conteste point, à coup sûr, que ces parties ne puissent contribuer à la respiration, mais elles n'en sont pas l'organe essentiel ; ici, comme dans les Térébratulidées, le principal organe respiratoire me paraît constitué par les cirrhes des bras, et l'opinion de Walsch et de Lamanon sur le rôle des bras, me semble aujourd'hui beaucoup plus légitime que celle qu'on lui a substituée en qualifiant ces organes de bras préhenseurs, et en leur attribuant une structure analogue à celle que présentent les bras des céphalopodes. Le manteau a toutefois une fonction respiratoire, mais très-peu marquée, surtout dans les Lingules, dont la coquille, malgré les canalicules de ses couches calcaires, est à peu près complétement imperméable (1).

§ 10. — DU SYSTÈME NERVEUX. (PL. VIII et IX.)

Sur ce point encore, j'aurai le malheur de me trouver en contradiction avec M. Hancock ; sur ce point, je serai une seconde fois le défenseur des opinions anciennes.

Cuvier n'a certainement rien connu du système nerveux. Il croit reconnaître le cerveau de la Lingule « dans quelques ganglions qui se font apercevoir vers l'espèce de col ou d'étranglement qui est situé à la base des bras;» mais il n'a pu, dit-il, suivre les nerfs. Il est inutile d'ajouter que ce que Cuvier a pris pour le cerveau, n'a aucun rapport avec cet organe.

M. Vogt paraît, au premier abord, s'être rapproché davantage de la vérité ; mais, en y regardant de plus près, il me semble qu'il a à son tour (tant est grande la difficulté du sujet), commis une méprise. « L'anneau œsophagien, » dit-il, « paraît se trouver entre les bandes fibreuses de la

---

(1) L'opinion que les bras représentent les branchies, après avoir été repoussée, fait aujourd'hui fortune. Elle est professée aujourd'hui par MM. Davidson et Hancock, c'est-à-dire par les savants les plus compétents sur les questions relatives à l'histoire des Brachiopodes.

dilatation stomachale (*Eingeweidesackes*), au point où elle se sépare du pharynx. » Je ne serais pas surpris que M. Vogt ne s'en fût laissé imposer par les filets artériels qui ceignent la dilatation stomachale.

M. Owen, le premier, je crois, a décrit des filaments blancs qui traversent la cavité viscérale des Lingules et se portent dans les muscles croisés et obliques antéro-postérieurs. Il considère ces filets comme des nerfs. Il en décrit deux paires, l'une externe et l'autre interne.

La partie externe naît, suivant lui, du ganglion sous-œsophagien, passe dans la cavité viscérale et se termine dans les muscles *antérieurs*. Les nerfs de la paire interne naissent du même ganglion, marchent parallèlement le long de la face ventrale des muscles antérieurs et se terminent dans les muscles *postérieurs*, ils fournissent des filaments délicats au canal alimentaire et aux cœurs : M. Owen indique en outre, mais sans le figurer, un système de nerfs palléaux et brachiaux aussi bien développé que celui des Térébratules.

Cette description renferme quelques inexactitudes que je signalerai dans un instant; mais je dois avant tout faire connaître à cet égard les opinions toutes récentes de M. Albany Hancock,

Ce savant, dans l'admirable travail qu'il vient de publier, revient sur la description de ces quatre filaments et la rectifie à certains égards ; mais, conclusion tout à fait inattendue, il conteste la détermination de M. Owen; ces filaments ne sont point, suivant lui, des nerfs, mais des artères. Il les fait naître en arrière des divisions latérales de l'aorte et se terminer dans certaines lacunes qui existent entre les deux membranes qui constituent les parois de l'animal *au-dessous de la saillie attachée aux muscles*

occlusors, c'est-à-dire, entre la masse basilaire des bras
et ce que nous avons appelé le renflement pédiforme.

Quelles raisons M. Hancock donne-t-il de cette détermination nouvelle ? Il me semble qu'on peut les réduire
à deux chefs principaux ; en premier lieu, il n'a pu découvrir aucun ganglion d'où ces filaments pussent tirer
leur origine ; en second lieu, bien que leur structure soit,
au premier abord, fort analogue à celle des nerfs, elle est
si fort semblable à celle du petit vaisseau que M. Hancock
appelle veine branchio-systémique, qu'on pourrait, dit-il,
les décrire aisément l'un pour l'autre.

Disons-le dès à présent, ces raisons ne nous paraissent pas suffisantes. Je sais quelle ardeur entraîne l'esprit
d'un homme avide de découvertes ; cette ardeur est utile ;
qui en est dépourvu n'atteint jamais à ces vérités profondément cachées qui échapperont éternellement aux observateurs vulgaires ; elle a donc des avantages inappré-
ciables ; mais, comme toute chose humaine, elle a aussi
ses écueils et ses illusions. Il est évident pour moi que,
préoccupé de ses belles découvertes, M. Hancock en a
poussé trop loin les conséquences. Les observations micro-
graphiques sont, en effet, peu favorables à son opinion ;
le vaisseau qu'il appelle *veine branchio-systémique,* a une
structure réellement très-différente de celle des filaments
décrits par M. Owen; ses parois sont molles, constituées
par un épithélium épais que soutient une membrane,
composée, il est vrai, de fibres longitudinales, mais inca-
pable de supporter les tractions les plus légères ; les filaments dont il s'agit, sont, au contraire, extrêmement
résistants eu égard à leur finesse, ils sont presque en
entier composés de fibres parallèles d'une extrême ténuité,
et rien n'y rappelle l'épithélium épais et presque pulpeux

de la veine branchio-systémique, leurs structures me paraissent donc différer absolument.

Nous allons dire, dans un instant, ce qu'il faut penser de la terminaison assignée par M. Hancock à ces organes problématiques ; mais nous pouvons immédiatement affirmer qu'ils n'ont aucun rapport avec le système artériel, et s'il était possible de découvrir leur communication avec un cercle œsophagien, l'opinion de M. Owen sur leur nature nerveuse, reprendrait ses droits dans la science. Je vais, en exposant mes propres recherches, dire ce qu'il m'a été donné de voir à cet égard,

Il n'y a point dans les Lingules de masses ganglionnaires considérables ; de là l'extrême difficulté des recherches qui ont pour objet la découverte du système nerveux de ces animaux. Le cercle œsophagien existe, mais il est réduit à un anneau grêle compris dans l'épaisseur de la paroi intestinale sous son enveloppe immédiate, et sa couleur est si pâle, que la plus grande attention est nécessaire pour le distinguer ; il est situé immédiatement derrière la dilatation buccale, et je douterais encore de sa nature nerveuse, s'il ne partait évidemment des extrémités de son arc supérieur deux filaments nerveux très-grêles, dont la dissection présente d'étranges difficultés, mais dont la nature, confirmée par ces connexions, me semble ne pouvoir être contestée.

Ces filaments cheminent dans le pli du bourrelet qui sépare la bande sus-pédieuse d'avec le renflement pédiforme, contournent de chaque côté les muscles obliques postéro-antérieurs, se placent à leur côté externe et pénètrent dans la cavité abdominale ; jusque-là, ils sont minces, très-cassants et sans ondulations marquées, mais ils se renflent tout à coup au moment où ils pénétrent dans l'abdomen, se plissent finement, se portent un peu en dedans, entrent dans la marge antérieure des muscles croisés et en traversent d'avant en arrière toute la largeur jusqu'à leur marge postérieure. La division en deux faisceaux de l'un de ces muscles, n'influe en rien sur cette description.

En disséquant avec soin l'un de ces troncs principaux dans son trajet au travers des muscles croisés, on voit qu'il fournit dans l'épaisseur même de ces muscles, un filet récurrent qui se recourbe vers leur bord antérieur, s'en dégage sous la forme d'un nerf distinct, et pénètre d'arrière en avant dans les muscles obliques antéro-postérieurs. C'est là ce que M. Owen a pris pour une seconde paire de nerfs. Mais il est certain que leur origine est telle que je viens de l'indiquer, et que leur extrémité antérieure se termine dans le corps du muscle antéro-postérieur externe, et n'a avec le cercle nerveux œsophagien, aucun rapport direct. (Voy. Pl. IX, fig. 1, C. D. E.)

Voilà tout ce que j'ai pu découvrir du système nerveux des Lingules. J'avais cru, dans mes premières observations, avoir aperçu des nerfs palléaux. Je dois avouer ici que je m'étais trompé. Le système nerveux palléal, si apparent dans les Térébratules, est ici très-peu visible; je suis loin de nier son existence, mais je n'ai pu réussir à le voir dans son ensemble, ce qui prouve du moins qu'il est extrêmement réduit.

Les filaments nerveux qui naissent des troncs que j'ai décrits, sont si grêles dans les points où ils sont encore reconnaissables, qu'il n'est pas surprenant qu'on n'ait pu les suivre dans tous les organes, et en particulier dans l'étendue entière du système musculaire; mais ce que nous venons de dire permet à mon sens d'affirmer que

ces filaments sont réellement des nerfs et non des vaisseaux artériels ; c'est assez dire que sur la question, non
de leur distribution, mais de leur nature, je souscris complétement à l'opinion de M. le professeur Owen.

———

Tels sont les résultats de mes recherches sur l'anatomie
des Lingules ; malgré tout le soin que j'ai apporté à leur
anatomie, je sens de combien d'imperfections ce travail
est encore entaché ; mais, comme l'a dit Malebranche :
« Il faut tendre avec effort à l'infaillibilité sans y préten-
dre. » Le sentiment de notre faiblesse est, en effet, au bout
de toutes choses, et toute créature de Dieu résultant d'une
science infinie, il n'est pas d'histoire naturelle si complète, de science humaine si certaine, qui n'ait fatalement
ses imperfections, ses doutes et ses défaillances.

———

Explication des Planches.

PLANCHE VI.

Fig. 1. — *Coupe transversale d'un bras de Lingule, pratiquée
vers le milieu de sa longueur.*

A. Cavité du tube basilaire.
B. Cavité du canal postérieur ou latéral,
C. Petit canal basilaire de la lèvre antérieure.
D. Limbe de cette lèvre.
E. Cirrhe de la lèvre postérieure.
a. Couche fibreuse, profonde, de la paroi du tube ba-
silaire.

7

b b. Couche intermédiaire formée d'un tissu fibro-cartilagineux.

c. Epithélium.

d. Talon, résultant d'un épaississement considérable de la paroi fibro-cartilagineuse.

e. Muscle rétracteur des spires situé dans l'intérieur du canal latéral au-dessus du talon.

a' Couche fibreuse interne de la paroi du canal latéral ou postérieur.

b' Couche intermédiaire fibro-cartilagineuse.

c' Couche épithéliale très-épaisse.

f. Tissu de la lèvre antérieure, tout pénétré d'un réseau vasculaire émané du canal basilaire C.

g. Couche très-épaisse d'épithélium.

h. Revêtement cutané des tubes intérieurs des cirrhes.

i. Épithélium.

j. Tube intérieur des cirrhes.

k. Extrémité radiculaire aveugle des cirrhes s'implantant profondément dans la base de la lèvre antérieure.

j' Tractus courbes qui parcourent la paroi interne du canal latéral, à partir du point où ce canal communique avec la base des cirrhes, et dans lesquels les injections poussées dans le canal latéral pénètrent quelquefois. Ces tractus me paraissent identiques aux trabécules creuses de Huxley.

Fig. 2 — *Réseau vasculaire de la lèvre antérieure communiquant avec le petit canal basilaire de cette lèvre.*

PLANCHE VI.

Fig. unique — *Cette figure, très-grossie, représente l'ensemble du système vasculaire de la Lingule anatine.*

A. Limbe musculaire de la lame palléale inférieure.

B. Tronc commun des sinus palléaux.

C. Branches latérales externes de ces sinus, disposées en chevrons parallèles

D. Branches recurrentes du tronc commun, destinées aux parties postérieures des feuillets palléaux.

E. Lobules de la série des glandes génitales.

F. Portion du mésentère coupée et renversée pour découvrir l'un des cœurs.

G. Face adhérente du renflement pédiforme.

a. Oreillette gauche.

b. Ventricule.

c. Oreillette droite, disposée de manière à bien montrer son limbe.

c' Tronc pricipal des artères émanant de chaque ventricule immédiatement au devant de l'oreillette.

d. Rameau principal du réseau que ce tronc donne au mésentère, se portant au cœur accessoire.

e. Cœur accessoire, ou vésicule de Huxley.

f. Artère antérieure émanée de ce cœur.

g. Troncs des artères qui suivent la distribution des sinus, suivant la belle observation de Vogt, et paraissent émaner de l'extrémité antérieure des cœurs.

PLANCHE VIII.

Fig. 1. — *Exemplaire de la* Lingula hians, *disséqué par sa face supérieure, pour montrer l'anneau œsophagien embrassant la bouche et les deux troncs principaux qui en émanent.*

a. Limbe de la lame inférieure du manteau.

b. Bourrelet marginal.

c. Noyau du renflement pédiforme, constitué par les extrémités des muscles obliques postéro-antérieurs.

d. Renflement gastrique.

e. Portion médiane de l'intestin.

f. Sa première courbure.

g. Sa deuxième courbure.

h. Sa troisième courbure.

i. Extrémité anale.

X. Anneau nerveux compris dans l'épaisseur des parois de l'intestin et fournissant, de chaque côté, une branche principale, très-grêle, qui contourne le muscle oblique postéro-antérieur et pénètre dans la chambre péri-viscérale X'.

Fig. 2. — *Face antérieure de la partie basilaire des bras, montrant les parties médianes de la lèvre antérieure.*

a. Opercule de la lèvre antérieure présentant une crête médiane qui répond au petit muscle abaisseur de cette lèvre.

b. Limbe de la lèvre antérieure.

c. Région de la lèvre dans laquelle est creusée le conduit qui fait communiquer avec la cavité du corps les branches anastomotiques des canaux latéraux ou postérieurs, ainsi que le petit canal basilaire de la lèvre antérieure.

Fig. 3. — *Dans cette figure, la lèvre antérieure a été fortement abaissée et en partie excisée pour découvrir la bouche et les détails de la face supérieure de la traverse basilaire des bras.*

a. Lèvre inférieure très-abaissée.

b. Bouche.

c. Lèvre postérieure dont les cirrhes ont été coupés à leur base.

d. Vésicule intermédiaire de Hancock.

e e. Extrémités des deux canaux postérieurs ou latéraux, se bifurquant sur les côtés de la vésicule intermédiaire.

f. f. Branches supérieures émanées de la bifurcation des deux canaux postérieurs et se portant dans l'épaisseur de la paroi supérieure de la vésicule intermédiaire vers la paroi antérieure du corps qu'elles traversent, pour s'ouvrir dans la chambre péri-viscérale.

g. Branches inférieures émanées de la même bifurcation qui s'unissent dans l'épaisseur de la base de la lèvre postérieure en une anastomose transverse qui communique avec les tubes intérieurs des cirrhes désignés en *c*.

****** Diverses figures de corps fusiformes dessinés à la chambre claire.

PLANCHE IX.

Fig. 1. — *Lingula hians disséquée par sa face inférieure pour montrer la distribution des deux troncs nerveux émanés de l'anneau œsophagien.*

a. Lame inférieure du manteau vue par sa face adhérente.

b. Lame supérieure vue par la face libre.

c. Noyau du renflement pédiforme décortiqué.

d. Son enveloppe musculaire divisée et renversée.

e. Peaussier longitudinal également divisé et renversé.

f. Muscles croisés droits.

g. Muscle croisé gauche.

h. Ampoule gastro-hépatique.

i. Petit lobe inférieur du foie.

A. Branche nerveuse émanée de l'anneau œsophagien et contournant sous les peaussiers le côté externe des muscles obliques postéro-antérieurs.

B. Terminaison de cette branche dans le bord postérieur des muscles croisés.

C. Rameau récurrent fourni par cette branche, dans l'épaisseur des muscles croisés. Ce rameau traverse en D. le muscle oblique antéro-postérieur interne, et se termine en E. dans le muscle oblique antéro-postérieur externe.

FIG. 2. — *Vue du côté gauche du corps interposé entre les deux lames du manteau.*

a. a' Bande suspédieuse.

b. Renflement pédiforme,

c. Anus.

d. Bande fibreuse qui sépare le corps, proprement dit, d'avec le renflement pédiforme.

e. Bourrelet saillant qui termine cette bande et porte en f. la masse basilaire des bras.

(*Extrait du journal de Conchyliologie.*)

PARIS.— IMPRIMERIE DE L. TINTERLIN ET Cᵉ, RUE NEUVE-DES-BONS-ENFANTS, 3.

www.ingramcontent.com/pod-product-compliance
Lightning Source LLC
Chambersburg PA
CBHW071458200326
41519CB00019B/5783